乡村振兴之农民教育培训精品教材

高素质
农民教育培训手册

黄慧光 李培源 李 磊 ◎ 主编

U0348680

中国农业科学技术出版社

图书在版编目（CIP）数据

高素质农民教育培训手册／黄慧光，李培源，李磊主编 . —北京：中国农业科学技术出版社，2020.7

ISBN 978-7-5116-4868-6

Ⅰ.①高… Ⅱ.①黄…②李…③李… Ⅲ.①农民教育-教育培训-中国-手册 Ⅳ.①G725-62

中国版本图书馆 CIP 数据核字（2020）第 125475 号

责任编辑	崔改泵　张诗瑶
责任校对	马广洋
出 版 者	中国农业科学技术出版社
	北京市中关村南大街 12 号　邮编：100081
电　话	(010)82109194(编辑室)　　(010)82109702(发行部)
	(010)82109709(读者服务部)
传　真	(010)82109698
网　址	http://www.castp.cn
经 销 者	各地新华书店
印 刷 者	北京富泰印刷有限责任公司
开　本	880mm×1 230mm　1/32
印　张	5.5
字　数	143 千字
版　次	2020 年 7 月第 1 版　2020 年 7 月第 1 次印刷
定　价	33.00 元

《高素质农民教育培训手册》
编 委 会

主 编	黄慧光	李培源	李 磊	
副主编	邢艳敏	冀立军	王 霞	王建刚	王彦成
	贾述娟	贾 允	巴特尔	李 娜	高 洁
	陈秀华	陈国栋	边新忠	高 琳	魏 艳
	王 铠	常 永	梁宝盛	张 杰	康喜存
	银仲智	潘青仙	李 芬	刘永红	刘 宁
	刘 成	韦献斌	訾帅朋	唐彦英	周后英
	石翠梅	王文艳	蔡晓红		
编 委	覃 琳	陈长江	唐 双	范斯斯	马 涛
	苗俊珍	王金环	赵 珺	王桂香	王富全
	严彩云	冯莉霞	冯延红	冯国练	魏 霞
	庞 晶	邢坤明	柳莉平	石擎红	刘冬梅
	刘冬云	蓝小军	车梅兰	田小伟	穆金花
	朱小晨				

前　言

　　培养高素质农民是中国新农村建设的重要内容，没有农民科学文化素质的提高，新农村建设就缺乏根本的支撑。"'三农'问题的核心是农民问题，农民问题的核心是素质问题，素质问题的核心是教育问题。"农民是建设新农村的主体，农民素质的高低直接决定着新农村建设的步伐，提高农民素质是构建和谐社会的重要一环，农民素质高低也是影响我国经济和社会持续发展的重要因素。

　　本书以基础与实用知识为主，主要讲述了乡村振兴需要高素质的农民、现代科技教育、现代思想观念教育、责任意识教育、心理素质教育、政治素质教育、民主法制意识教育、道德品质教育、社会主义核心价值体系教育、传统文化教育、村民自治教育等方面的内容。

　　由于编者水平有限，加之时间仓促，书中错漏之处在所难免，恳切希望广大读者和同行不吝指正。

编　者

目 录

第一章　乡村振兴需要高素质的农民

第一节　乡村振兴战略的背景

以习近平同志为核心的党中央提出"实施乡村振兴战略"，这一部署有着深刻的历史背景和现实依据，是从党和国家事业发展全局出发作出的一项重大战略决策。乡村振兴战略作为新时代"三农"工作的总抓手和重要遵循，是当前和今后一个时期乡村振兴规划编制工作的核心依据。

一、我国"三农"发展取得的历史性成就

"三农"发展进程的良好态势是我国着眼经济社会发展全局，实现"两个一百年"奋斗目标，对"三农"工作进行全面部署和再动员的坚实基础。农村改革 40 多年来，特别是中央十八大以来，我国农业农村发展取得了历史性成就，实现了历史性变革。农业生产能力大幅提升，粮食产量比 1978 年翻了一番多，稳步保持在 6 亿吨以上，肉蛋鱼、果菜茶产量稳居世界第一，解决了十几亿人口的温饱问题；农业现代化水平取得了长足进步，农业科技进步贡献率达到 57.5%，主要农作物良种基本实现全覆盖，新型农民超过 1 500 万人，耕种收综合机械化水平超过 66%；农村民生显著改善，农民收入比改革开放之初增长近 100 倍，超过 1.3 万元，贫困发生率由 97.5% 下降到 3.1%，农村面貌焕然一新，社会更加和谐繁荣。

二、我国"三农"发展仍然任重而道远

"三农"作为国之根本，"三农"工作重中之重的地位依然没有变，全面建成小康社会和全面建设社会主义现代化强国最艰巨最繁重的任务在农村的形势没有变。随着我国农业农村发展环境发生了巨大变化，"三农"工作面临的新挑战也与以往不同。当前，我国"三农"仍然面临着发展滞后的严峻形势，农产品阶段性供过于求和供给不足并存，农业供给质量亟待提高；农民适应生产力发展和市场竞争的能力不足，高素质农民队伍建设亟须加强；农村基础设施和民生领域欠账较多，农村环境和生态问题比较突出，乡村发展整体水平亟待提升；国家支农体系相对薄弱，农村金融改革任务繁重，城乡之间要素合理流动机制亟待健全；农村基层党建存在薄弱环节，乡村治理体系和治理能力亟待强化。乡村振兴战略正是基于解决上述问题而提出的，为"三农"发展指明了方向。

三、我国"三农"发展迎来历史性节点

中共十八大以来，中央坚持把农业农村农民问题置于关系国计民生的战略高度和核心地位，统筹工农城乡，着力强农惠农，系统分析新时代我国社会主要矛盾转化在农业领域、农村地区和农民群体中的具体体现，在决胜全面小康社会和开启全面建设社会主义现代化国家新征程的全局中进行系统设计，引入新思想、新手段和新平台，为整个乡村发展勾画出了一幅清晰可见、努力可达的美好蓝图。从经济社会发展趋势看，当前，我国经济发展模式已经转向更加注重质量和生态的节约与集约型增长方式，"绿水青山就是金山银山"的理念深入人心。产业重构、消费升级成为乡村振兴战略的市场支撑，城市农产品食品消费对安全、品质、特色的追求越来越凸显，为绿色生态农业的发展打开了市场空间。工商资本向农业、农村流动的规模

在不断加大，农村创新创业蔚然成风。从"三农"视角来看，20世纪70年代末，农村改革发端，历经40多年变迁，乡村生产、生活、生态都发生了深刻变化。"三农"建设和发展迎来了最为有利的历史阶段，必须抓住机遇，科学谋划设计，以规划为引领，抓铁留痕，努力实现乡村振兴的美好蓝图。

第二节 乡村振兴战略的意义

一、解决社会主要矛盾的必然选择

同城市相比，广大农村地区的发展差距较为明显，除了经济发展滞后、农民收入偏低、农业基础不牢固之外，社会事业发展同城市的差距也较为突出，一些优质的教育、医疗资源尤其是公共服务设施，集中分布在城市，很多农村地区尤其是西部地区农村几乎体验不到。在东部、中部和西部的乡村之间，也存在着很大差距。为此，《中共中央国务院关于实施乡村振兴战略的意见》将"坚持城乡融合发展"作为新时代实施乡村振兴战略的基本原则之一，明确提出"坚决破除体制机制弊端，使市场在资源配置中起决定性作用，更好地发挥政府作用，推动城乡要素自由流动、平等交换，推动新型工业化、信息化、城镇化、农业现代化同步发展，加快形成工农互促、城乡互补、全面融合、共同繁荣的新型工农城乡关系"。实施乡村振兴战略是破解城乡发展不平衡、东中西部发展不平衡之难题的必然选择。

二、实现农业农村现代化的必由之路

农业农村现代化能否如期实现，直接关系到社会主义现代化的整体实现。乡村振兴关乎农业农村现代化和整个社会主义现代化建设大局。实施乡村振兴战略，推进乡村经济快速发展，

推动乡村社会治理和生态环境全面进步，提升广大农民综合素质，不仅能够为农业农村现代化的顺利实现提供坚实物质基础，而且能为全面建设社会主义现代化国家提供保障。当前，我国正处在"两个一百年"奋斗目标的历史交汇期，我们既要全面建成小康社会、实现第一个百年奋斗目标，又要乘势而上开启全面建设社会主义现代化国家新征程，向第二个百年奋斗目标进军。实施乡村振兴战略，是中央在深刻把握我国现实国情农情、深刻认识我国城乡关系变化特征和现代化建设规律的基础上，着眼于党和国家事业全局，着眼于实现"两个一百年"的伟大目标和补齐农业农村短板的问题导向，对"三农"工作作出的重大战略部署、提出的新的目标要求，是我国农业农村发展乃至现代化进程中划时代的一笔。

三、全面建成小康社会的必然要求

中共十九大报告强调："农业农村农民问题是关系国计民生的根本性问题，必须始终把解决好'三农'问题作为全党工作重中之重。"习近平总书记所言："全面建成小康社会，最艰巨最繁重的任务在农村，特别是在贫困地区。没有农村的小康，特别是没有贫困地区的小康，就没有全面建成小康社会。"全面建成小康社会，广大农村地区，尤其是经济社会发展比较滞后的中西部地区农村是重中之重、难中之难。乡村振兴战略是面向2035年农业农村基本实现现代化作出的总体部署，是要从根本上解决目前我国农业不发达、农村不兴旺、农民不富裕的"三农"问题。通过牢固树立"创新、协调、绿色、开放、共享"五大发展理念，明确推动建立以城带乡、整体推进、城乡一体、均衡发展的义务教育发展机制，健全覆盖城乡的公共就业服务体系，推动城乡基础设施互联互通，完善统一的城乡居民基本医疗保险制度和大病保险制度等，不断提高城乡基本公共服务均等化水平，达到生产、生活、生态的"三生"协调，促进农业、加工业、现代服务业的"三业"融合发展，延续中华文化的根脉，重塑乡土、乡景、乡情、乡音、乡邻、乡德，重构中国乡土文化，弘扬中华优秀传统文化，真正实现农业发展、农村变样、农民受惠。

第三节　乡村振兴需要高素质的农民

乡村振兴，这是十九大以来，党和国家实施的最新战略部署。乡村振兴这是关系到农村能否实现高质量发展的新阶段。乡村振兴要想实现，需要党和国家的政策支持，更需要有更多高素质的农民。近日，一篇名为《农业农村部张桃林：加快培养适应乡村振兴的高素质农民队伍》的文章，对高素质农民队伍的培养和打造，进行了深刻论述。这也更加说明，乡村振兴需要高素质的农民。

农民是"三农"重要的组成部分。乡村振兴实施的最根本目的还是实现农民生活的高质量。乡村振兴是否能够更好实施，农民是否具有高素质也至关重要。可以看到，很多农村之所以落后，城乡差距之所以如此之大，与农民素质不高，导致农村劳动力、生产力的下降，经济就严重落后。因此，实施乡村振兴战略，离不开高素质的农民。这就需要打造高素质的农民队伍。

打造高素质的农民队伍，需要不断对农民进行知识、技能的培训，提高他们的科学文化知识水平。新时代，知识、技能的不断更新换代，对于每个人的要求都不断提高。知识和技能的重要性越来越凸显。现如今，农业也越来越机械化、自动化、智能化，如果缺乏应有的知识和技能，往往难以胜任现代农业中的各种生产劳动。这就意味着，当代的农民，必须要掌握必需的知识技能，这就要求，在农村地区，务必要积极开展各种知识技能培训，让农民也能够理解和掌握高科技，也能够真正应用高科技来进行农业生产劳动。

打造高素质的农民队伍，积极培养农村的人才。当今社会，尊重人才，这是时代发展的需要。农村之所以和城市发展的差距在于，农村缺乏人才。受制于很多客观因素，农村在人才工作上，也显得有些无奈，缺乏足够的吸引力，导致人才引不来，农村人才的流失也十分严重。这就需要积极培养农村人才，就是要在农民中更多地培养有潜质、有发展的农民，打造成为本地的乡土人才。并且将这些人才用在更加重要的领域和岗位上锻炼，委以重任，使其真正锻炼和成长为能够独当一面、综合素质高的农村人才。

农民是农村的有生力量，乡村振兴是否能够更好实施，离不开农民的积极支持和参与。这就是说，乡村振兴需要高素质的农民队伍的支撑。因此，在广大的农村，应该积极地在加强农民教育培训、培养农村人才方面不断发力，真正在农村打造出更加适合当地发展的农民队伍，才能够真正去助力乡村振兴战略的实施。

第二章　现代科技教育

第一节　农村科技文化教育的国家过程

在农村进行现代科技教育是国家发展的重要环节和重要内容，是提高民族素质的重要途径。因此，考察我国农村居民的现代科技教育应该从宏观的社会文化发展角度着手，这样才能对此研究有明确的描述。

新中国成立以来，为了推动我国农村社会经济、文化的进步，政府在农村也开展了文化教育活动。根据活动的内容、形式及目的不同，可以将新中国成立以来的农村科技文化教育活动分为三个阶段。第一阶段为新中国成立至改革开放以前，第二阶段为改革开放以后至 20 世纪末，第三个阶段就是 2000 年以来。这三个阶段，农村科技教育活动表现出了不同的特征。

第一阶段的农村现代科技文化教育活动主要有以下特点：一是教育内容上，以农业实用技术为主，很少涉及现代科技发展成果的推介。二是教育形式上，还是以实践经验教学为主，少有系统的科普活动。三是教育目的上，以提高农业生产为直接目的，并没有将此项活动的开展纳入提高农民的综合素质的层次中来。还有一个值得注意的问题，就是这一阶段由于受到大的社会政治氛围的影响，在农村开展政治活动的重要性要高于科技教育活动，即使为了促进农业生产，也普遍认为源于政治的力量要胜过科学技术。在现实生活中，农民主动要求接受科技教育的想法也不是很强烈，还没有上升为一种主动性。

　　第二个阶段正是在我国改革开放以后，农村最早进行了经济体制改革并获成功，社会经济有了很大发展进步。农民思想得到很大解放，有些社区精英甚至走出乡土社会，接触到了城市文明，感受到了现代科技带来的巨大影响，这既是震撼，更是反思。这一阶段农村社会发展排除了制约农村社会发展的不正常的政治因素，全民齐心协力共促农村社会经济发展。在这种大的社会环境下，技术因素成为制约农村经济发展的主要因素，人们已经不再迷信片面的政治口号与虚妄的雄心壮志，科技是第一生产力的思想认识也逐渐深入人心。这一阶段，人们有了主动学习科技文化知识的思想意识，但其目的还是仅限于"科技促生产"的实用主义，仍然没有上升为一种更高层次的追求，这主要还是受制于特定历史时期的社会发展状况。

　　进入 21 世纪以来，我国社会经济发展已经进入了新的历史时期，改革开放到了深入发展的阶段，在继续推行以往"城市带动农村"的宏观经济发展思路的同时，也进一步强调了农村自身发展的必要性与可行性。现代文明的哲学基础就是科学理性主义，正是科学孕育了现代工业文明。我国农村社会的发展在经济领域就是现代文明的推进，这也必须以科学理性为前提。因此，进行科技文化教育是新时期农村社会经济发展的必然选择。这一时期，农村居民也充分认识到科技对于国家发展的巨大推动作用，因此，也比以往具有更加强烈地学习科技知识的愿望。在学习内容上，不仅局限于生产技术，也注重对现代科技发展知识的了解与掌握。其目的已经远远超出了实用主义，意识到现代科技知识是人综合素质的重要组成部分。

　　总之，新中国成立以来，政府一直在推动农村的科技文化教育工作，但受到不同时期大的政治文化环境及社会经济发展的影响，在不同历史时期，这项工作的开展也具有不同特征。这项工作得到真正落实，还应该是改革开放以来，尤其是近 10 余年的事情。在农村进行现代科技教育，主要涉及两大主体：

一是教育者，包括政策制定者；二是受教育者。这项工作的有效开展离不开教育者的有意识引导与推动，同时受教育者主观愿望的强弱也影响到该项工作的效果。

第二节 我国农村进行科技文化教育的影响因素

在农村进行现代科技教育是农村社会发展的重要内容，受制于多种因素。总体来看，可以将这些因素分为两大类：一是外部环境因素，二是内在因素。具体可以细化为以下因素。

一、国际环境

（1）普及农村现代科技文化知识是世界文明发展的需要。世界自从进入工业文明以后，社会发展飞速，积累了人类空前的物质财富，从宏观上看，人类的生活境况也得到很大改善。现代文明的核心就是现代科学技术的广泛应用，这就对人的科技素质提出了更高的要求，人既是科技进步的推动者，也是科技推广的实践者，更是科技进步的最大受益者。社会要现代化，主体人更要现代化，只有这样人类的现代化步伐才有后劲。随着物质财富的积累，现代文明所倡导的科学精神获得了越来越坚实的合法性。这种现代化需要全人类科技文化素质的提高作为支撑，那么农业人口接受现代科技教育、提高科学理性素养就成为人类社会发展的必然选择。

（2）第二次世界大战以后，第三世界国家注重对农民进行科技文化教育。一些殖民地纷纷成为民族独立国家，发展民族经济成为这些新兴国家的首要任务。这些国家经济结构相对单一，农牧业还是主要的经济支柱，因此发展本国经济的首要任务就是振兴农牧业的生产，以此带动国民经济的发展。这一时期，新的传媒技术被广泛应用于农业领域，主要包括推广农业科学技术，提高农民科技素质，以科技水平的提高来推动农业发展。世界潮流如此，中国自然不能例外。

二、国家战略

在农村进行科技文化教育具有两个层次的目的：一是实现科技促进农业生产水平的提高，二是提高农民的科技文化素养。第一个目标的实现主要依靠生物技术的普及应用及农业生产工具的技术改进，第二个目标的实现主要依靠多种科技文化知识的普及，主体是人。人是农业生产技术提高的关键，提高农民的科技文化素养既关乎农业生产水平的提高，农村社会的繁荣，更关乎国家的未来发展，是一项最重要的国家战略。我国从根本上讲还是一个农业社会，当前我国面临着由传统农业社会向现代工业社会的过渡，这种过渡是以农业实现现代化并获得大发展为基础的。现代农业为我国的长远发展提供物质基础与社会保障。我国社会经济的发展对农业提出了更高的要求，农业发展状况如何直接关系到我国改革开放事业的成败，具有重要的战略意义。

要发展农业必须科技兴农，提高农民的科技素质。党和国家领导人对此有深刻的认识，邓小平同志讲过："农业问题最终是科学解决问题，要靠生物工程，要靠高科技。"目前，我国科技对农业的贡献率仅有35%左右，远不抵发达国家的70%，农业科技成果转换率很低，直接影响了农业技术的更新与水平的提高。江泽民同志也认为，推进新的农业科技革命是促进农业发展的根本措施，发展以生物技术为标志的高新技术是推进新的农业科技革命的关键。党的十五届三中全会通过的《中共中央关于农业和农村工作若干重大问题的决定》（以下简称《决定》）是指导农村改革开放与发展的纲领性文件。全面总结了农村改革开放的经验，进一步明确了农业和农村工作在我国经济社会发展中的战略地位，提出了农业和农村跨世纪的发展目标、方针政策。全会通过的《决定》明确指出，"农业的根本出路在科技、在教育""把农业和农村经济增长转到依靠科技进步和提高劳动者素质的轨道上来"。该《决定》强调:"发展农村教育事业是落实科教兴农方针、提高农村人口素质的关键。必须从农村长远发展和我国现代化建设全局的高度,充分认识发展农村教育的重要性和紧迫性。积极推进农村教育综合改革,统筹安排基础教育、职业教育和成人教育,进一步完善农村教育体系。"

历届党与政府领导人十分重视农村社会经济的发展,都将提高农民科技文化水平作为农村各项事业快速发展的推动力,这种认识绝不是权宜之计,而是一种具有大智慧的战略决策,这将关乎我国改革开放与社会主义现代化事业的成败。

三、自身需求

在农村进行科技文化教育有两个目的:一是提高农民的科技素质,提高生产力,增加收入,是农民最能直观感受到的,具有一定的现实功利性,这也是农民主动提高现代科技素养的现实动力;二是将科技文化素质看成农民综合素质的重要内容,通过科技文化教育来提高农民的科技文化素养,使农民成为具有时代思想与科学理念的新型农村社区居民,以实现人的现代化转变。一个国家、一个地区要实现现代化最为关键的并非物的现代化,人的现代化恰恰是整体现代化的"瓶颈"。掌握现代科技知识有利于农民实现人的现代化。这一目的具有一定的潜在性,着眼于长远与未来,农民未必会在当下认识到,但却是农民提高现代科技文化素养的最根本动力。

农村社区经济的发展不仅是宏观的制度设计,更是农村社会经济发展及农村居民的自身要求。在科技兴农的社会氛围下,农民积极参与科技教育,掌握现代科技文化知识,成为拥有一技之长的新型农民,最为直接的效果就是促进了农村生产力水平的提高,增加了收入;间接的后果就是推动了农村产业结构的调整，使劳动密集型产业向技术密集型产业转变，有利于农村社会经济的长远发展。农村工作的成功，很大程度上要取决于农民的积极参与，不仅要使广大百姓看到美好的愿景，更要让他们在当下真实享受到政策与制度带来的好处。在农村地区推广现代科技文化，提高农民科技素养，也同此理。

在一些发达地区，农村经济已经有了较大发展，具有了雄厚的经济实力。许多居民已经实现了城镇化，但是由于传统思想观念及文化的影响，很难完全融入现代社区中去。出现这种文化断裂的主要原因就是城乡文化现代化程度还存在差距，最为突出的表现就是现代科技文化素养不高，科学理性意识不强，对"科技转化为生产力"的认识不够，这样既不利于家庭形成学习现代科技文化的氛围，又不利于形成正确的社区文化导向。

随着农村社会的全面、快速发展，农民也有了更多的机会参与到现代经济文化生活中来，他们也充分意识到现代科技文化的重要性。现实性的需要与接受的教育之间形成了巨大的落差，他们在心理上也出现了提高科技文化素养的迫切要求。因此，在农村大力普及现代科技文化知识，将大大促进"人的现代化"的进程。

四、供给平台

新中国成立以来，我国十分重视农村的科技文化教育，注重提高农民的现代科技文化素养，并为此做了很多工作，给予了很大的政策支持与资金帮助。从宏观来看，我国建立了较为完善的农业科技推广渠道，各县乡都有农业科技工作站，通过技术人员进行现场指导以提高农民的实用科技应用能力；广泛运用现代传媒技术来推广农业科技知识，使受益群众更多，效果更好，提高了农业科技的生产转化率。例如，中央电视台设立了专业的农业频道，在全国范围内大力推广农牧业生产知识，为促进我国农业的现代化作出了巨大贡献，这也是发展中国家借助现代传媒推动本国现代化进程的有效尝试。各省、地、市级电视台也多设有农业科技的相关频道或专栏节目，为深入推动农业科技的普及与发展作出了贡献。总体来看，我国已经基本建立起了覆盖范围广、层次与形式多样的农业科技推广体系。

尽管我国已经建立了较好的农业科技推广平台，但并不意味着能够很好地使用这个平台。从微观来看，还有以下几个因素影响到了对于农业科技平台的使用，主要为平台自身、推广者（传播者）与受众群体。首先，一些农业科技节目针对性不强，地方特色差，对地方农业很难有具体的指导性。其次，不同级别的农业宣传节目不能进行有效配合，不能做到互补，有些地方的农业节目内容陈旧，跟不上现代农业发展的步伐。再次，随着有线电视的推广，有些农业频道成为收费频道，这影响了农民接受现代科技教育的积极性，客观上造成了受众群体流失，节目的普及性不强。最后，农民自身也存在"宁愿效仿邻居，不愿通过媒体学习"的落后思想。人际传播是最为有效的传播方式，然而却往往会加大传播成本，这样就造成农业科技知识的可利用性不强。此外，我国农村各地普遍建立的农业科技工作站虽然对于农村科技工作的开展作出了巨大贡献，但在实际工作中，也存在职能错位，工作人员水平不高等问题，也影响到了农业科技知识的推广工作。

总之，我国尽管已经建立了较为完善的农业科技推广体系，然而在具体工作中还存在一些不尽如人意的地方，这也影响到了我国农业科技知识的供给。

第三节　提高农民现代科技素质的意义

普及科学技术是提高全民族素质的关键措施，是促进经济快速、健康发展的强大动力，是社会主义精神文明建设的重要内容，是关系维护社会稳定的基础工作。科学技术是现代文明的核心，一个国家科学技术的发展，一方面取决于科学家和工程师在科技高峰上的不断攀登，另一方面则取决于整个社会对现代科学技术的理解、掌握和运用能力，以及建立在科学思想、科学精神基础上的世界观和认识论。农民占我国人口的大多数，因此，提高农民的科技素质是我国普及科学技术知识，提高全民族素质的重中之重。

一、提高农民科技素质是全面建设小康社会的必然要求

小康社会的建设离不开农村物质财富的丰富程度，这就对农村劳动力的生产水平提出了更高的要求。人是生产力的最根本因素，生产力水平的高低直接决定着生产的效率与产出。从这个意义上说，农民的素质决定着农业生产力的发展和提高，影响着农村的进步乃至社会的进步。

当今国际上发达国家实现农业现代化的实践表明，农民的文化素质对农业现代化进程有着极其重要的影响。美国经济学家西奥多·舒尔茨在《改造传统农业》一书中指出："农民的技能和知识水平与其耕作的生产率之间存在着有力的正相关关系"。日本著名农业经济学家小仓武一剖析日本农业现代化成功的经验时认为，日本是农业现代化国家，这是因为即使在战前，日本农民就已经受过很好的教育，日本农民几乎没有文盲。党的十六大提出了全面建设小康社会的奋斗目标。小康社会的建设既是一种社会形态的变迁，也是物质财富的丰富以及精神水平的提高。当代社会变迁是一种现代化变迁，现代化变迁就离不开具有现代科技思想意识的农民。

美国著名社会学家英格尔斯及其合作者曾经专门研究了"现代人"，并对"现代人"这一概念进行了测量。他将人的现代性分成24个具体维度，其中有三个维度与掌握现代科技有较为紧密的关联，分别是专门技能、工作信念与了解生产。可见，农民实现"人"的现代化离不开自身现代科技素养的提高。建

设小康社会离不开高素质农民的参与，也只有将农民培养成为掌握了先进文化科技知识的现代农民，才有可能打破愚昧、落后、封闭的传统农村社会组织形态；只有建立科学、民主、法制、秩序的现代农村社会组织形态，才有可能实现传统农村向现代农村的转变。

二、提高农民科技素质有利于实现农村经济持续稳定发展

实现农村经济的持续增长必须着眼于两个目标，一是提高现代农业在整个农业中的比重，实现农业生产高科技化与高效化；二是调整农村产业结构，增加非农产业的比重，扩大农民的收入来源。这两个目标的实现是农村经济持续稳定发展的基础与动力。

当前我国农村经济结构的调整已经提上议事日程，原来我国农村经济的发展主要依靠对土地的浅层次开发利用及劳动力输出。由于受到我国宏观社会经济形势发展的影响，农村经济发展也在力图突破传统模式的发展束缚，寻求新的发展思路。各级政府部门大都为农业发展给予不同程度的政策支持与资金支持，但这些只能暂时解决局部问题，不能从根本上解决农村的经济发展问题。部分农村地区过于依赖"政策饭"，一心指望国家的拨款并因此产生了较强的依赖心理，然而过度依赖外部"注血"不能从根本上实现农村经济的持续增长。有些农村社区结合自身的具体情况积极发展现代工业企业，收到了很好的效果，但这种思路从全国范围来看并不具有普遍性。

从现实来看，我国绝大多数的农村社区还是将经济发展的着眼点放在传统农业及相关副业领域。美国经济学家西奥多·舒尔茨指出："人类的未来并不完全取决于空间、能源和耕地，而是取决于人类智慧的开发。"事实上，现代农业最大的特点就是广泛应用现代农业科技。科学技术是第一生产力，它为人类改造自然提供了一种更为有效的方法与手段，提高了生产效率。

科技对于农业发展的效果如何，不仅取决于技术自身，更为重要的是依赖于使用技术的人。农民是农业科技普及活动的主体对象，现代农业发展如何，直接取决于农民掌握现代科技的能力。因此，我们在农村社区普及科技文化教育，提高农民科技素质，实际上就是在为农村经济的可持续发展培育一套有效的动力机制。农村经济的持续稳定发展建立在现代科技基础之上，这样的发展更具持续性。

三、提高农民科技素质有利于拓展农民就业渠道、优化农民就业结构

农村经济发展水平主要取决于农民的科技文化水平。在农村经济发展的过程中随着结构调整的逐步深入及农业科技水平的提高，出现了一些农村富余劳动力，解决他们的就业问题就成为关乎农村经济发展与社会稳定的重要任务。

科技知识对于农村社会经济发展具有两个根本作用：一是提高了原有生产模式的生产能力，比如产量的提高及作物可种植类型的增多等，从而直接提高了传统农业收入水平；二是农民掌握了更多、更全面的科技知识，扩大了就业领域，提高了就业能力。据农村住户抽样调查资料显示，农村不同文化素质劳动力在择业上存在较大的差异。农村具有高中以上文化程度的劳动力就业相对较广，80%以上的高中文化程度劳动力不从事农业劳动，其中有14.2%从事文化教育和技术咨询服务等知识含量较高的行业；小学及以下文化程度的劳动力就业范围十分狭窄，半数以上从事农业劳动，其中文盲半文盲劳动力中，从事农业的比例达70.30%。

文化技能是人改变自然与社会维持自身生存与种族延续的重要手段，不同文化素质的人具有不同的人文视野与生存能力。依据掌握现代科技技能的多寡，农民个体有着相异的就业期待与择业途径。掌握现代科技知识越多的人也就越有能力从事更

为高端、更为集约化的工作。以后随着农村产业结构的进一步调整，我国部分农村，尤其是东部经济发达地区的农村将呈现产业与就业多元化的社会形态，具有不同现代科技文化素养的人都能找到相应的工作。即使在西部等农村经济欠发达地区，提高农民的科技文化素养也将大大有利于农业生产力的提高与劳动力的流动。

总之，只有大力提高农民的科技文化素质，才能使农村发展跟上时代的步伐。不脱离现代科技的发展，农村经济发展才会更有后劲。

四、提高农民科技素质有利于增加农民收入

我国当前农村社会发展的主要问题还是经济问题，农村社会发展问题的解决最终都离不开经济问题的解决，可以说经济工作在当前及以后一段时期内仍然是我国农村工作的重点。对于农村经济发展来说，政策与资金的支持是必不可少的，然而农民自身科技素质的提高才是农村经济发展的关键。科学技术知识是一种资本、是一种无形资产、是生产力，时机或条件一旦成熟，它会转变为现实的物质财富。从经济发展来说，科学技能比人文知识有更为直接的效应。依据相关资料，我国农民收入的高低与其受教育程度及掌握的科技知识有直接的正相关关系。

农村的现代化要求农民必须具有现代科技知识，只有那些接受了现代科技理念的人才能够更多地从理性角度去思考现实社会问题，多角度地看待问题，拓展解决问题的思路。"变"是现代化的重要特征，只有那些掌握现代科技知识的农民才能从根本上认同科学发展的逻辑，接受不断改变的现实，培育起顺应时代发展、与时俱进的现代人文思想。从个体层面来看，掌握了现代科技知识的农民能够比其他农民有更多的机会接触现代商业信息，也能够更加积极主动地获取经济资讯，具有更为

明确的现代经济发展思路，并且能够积极探索有效的经济发展途径。

　　提高农民的科技素质与增加经济收入之间是相辅相成的，提高了前者可以促进后者的实现，后者也会带动前者，后者的实现是农民自觉不断提高科技文化素质的现实因素，两者之间只有形成了良性互动，科技素质带动收入提高才能成为一种稳定有效的农村社会发展机制。但也应该认识到，我国农村由于长期处于相对封闭保守的状态之中，小农经济思想及落后保守文化影响较深，农民对于接受外部现代科技知识不敏感，缺乏必要的求知冲动。这就要求引导广大农民主动学习现代科技文化知识，同时还应努力处理好三个关系。首先，处理好接受现代科技知识与继承发扬优良传统之间的关系。其次，农民学习现代科技知识最初动因往往是马上提高收入，具有较强的现实功利性，而提高农民的现代科技知识是一项长期任务，是适应现代社会转型的重要步骤，因此在学习目的上要处理好学习现代科技知识的现实功利性与长期性之间的关系。最后，还要处理好被动学习与主动学习的关系，尽快完成学习动机由前者向后者的转变。只有处理好这三个关系，学习现代科技知识、提高农民文化素养才能成为一项有效的制度设计，农村社会经济发展才能够更具可持续性。

第四节　提高农民科技文化素质的对策

　　提高农民的科技文化素质是一项综合性工程，既需要有宏观的政策保障，还要有具体的落实措施。从宏观来看，政策保障主要是为维持教育活动的正常开展与运行提供的相应政策支持，微观的具体措施则侧重工作的操作落实。

一、各级政府设立统一的协调机构，实现资源的有利配置

在农村地区进行现代科技文化教育是一项涉及多个部门的系统工程，需要多部门联动推进。这样就需要在各级政府设立协调机构，将教育、农业及科技等管理部门纳入这项工作中来。只有这样才能有效协调各方资源，共同推进工作的开展。为了有效推动工作，必须进行详细的部门分工，各部门除努力做好本职工作以外，还要积极协调其他相关单位参与到该项工作中来，只有这样各级政府才能真抓实干，将工作落到实处。

在工作中要努力发挥政府的主导作用，政府要综合统筹各种相关教育资源，协调各种利益关系，投入最好、最有效的教育资源推动本项工作的开展。各级政府要建立专门的机构来协调与推动本项工作的开展，将这项工作纳入政府日常工作中来，改变过去那种"农民教育农民办"的状况。

二、对参与人员建立奖励机制，提高他们从事该项工作的热情

农民的科技文化素质既是促进农村经济发展的文化动力，也是现实的生产力，对于促进农村社会经济的发展具有潜在的现实推动作用。该项工作的相关者包括高校科研人员、地方政府领导和农民。要创新高效科研奖励机制与职称评定机制，提高农业科普工作在各类评定工作中的分量，提高科研人员到农村推广现代科技知识的积极性与主动性。创新农村管理工作的体制，将农村科技普及工作的效果作为干部考核的重要指标，提高干部对该项工作的认识和重视程度，使本项工作成为政府工作的重要内容。对于积极参与科技培训的农民还要建立适当的经济奖励机制，在农业科技创业方面进行政策扶持。同时还要制定相应政策，优化创业环境，鼓励农村高学历人才留在农村进行科技转化工作。在有条件的地方还要注意吸引高科技人

才到农村进行创业合作，带动当地农村的科技普及和应用工作。

三、注重技能教育

制定相关的教育法律、法规来约束农村职业教育行为，从法律上提高农村职业教育在国民教育中的地位。农业教学计划、教学大纲、教学内容、课程设置要结合农村实际，根据现代农业发展、农业产业结构调整和新农村建设的需要定期修订，要突出农村特色与实用特色。教学方式要灵活，教学内容要紧密联系当地农业生产实际。增加学生参加生产实践的比例，实现理论学习与生产实践的协调统一，争取使学生毕业时能够掌握一两门实用技术。

为了使农民尽快从科技培训中受益，加快农业科技转化速度，应该将培训工作的重点放在农村实用技术与务工技能上。本项工作是一项"功在当今，利在未来"的教育希望工程，对于积极参加培训的农民应该减免学费，把工作重点放在提高普及率和科技成果利用率上。将培训的重点人群放在农村青壮年与外出务工人员身上，这些都是现代科技的直接受益者与间接推广者。加强对这些劳动力的技能培训，力争做到农民不掏钱能培训，培训完能就业。通过培训促其就业，不仅投资少、见效快、效果持续，而且能使贫困农民解放思想、转变观念，具有"一次培训、终身受益，一人务工、带动一片"的作用。

四、鼓励社会相关机构参与该项工作

本项工作的相关社会机构包括科研院所、高等院校及部分科技企业等。政府及教育主管部门要改变高校及科研院所的考核机制，将科技成果转化率作为衡量单位科研水平的重要指标，从根本上激发相关科研院所及高校的参与积极性。在条件允许的情况下，可以尝试以科技入股的方式来推动高校与农村建立相关科技实体，协同发展，增加农业科技院所与农村的相互依

赖，摆脱农业科技研究与农村经济发展相互独立的状态，这样既能够增加科研院所的经济收入，又能推动农村科技兴农事业的发展。同时实行政策扶持，鼓励部分农业科技企业到农村建厂，将政府培训转化为企业培训，既减少了政府开支，又提高了农民的就业率。

大专院校要积极主动寻求在农村建立实习基地，以此为平台，提高农业科技的转化率。大专院校的专家学者还有教学任务，不太可能将全部身心都投入农村科技普及工作中去，因此，可以采取"请进来"的方式，举办科技座谈会、科普讲座、现场指导及农家文化大院等形式重点地宣传科技知识。这样就建立了以专职科技工作者为中坚力量，院校科研人员为坚强后盾的农业科普战线。

五、加大资金投入，积极拓展职业培训渠道

国家相关部门要建立农村科技普及工作专项资金，纳入财政预算，做到专款专用，同时建立严格的财务审计制度，提高资金的利用率。通过政策倾斜吸引部分相关科技企业来农村投资设厂，吸引农民进入企业，将员工培训与提高村民科技素质结合起来。同时还可以实行政府购买服务的方式将农村科技教育交给专门的培训机构来组织教学活动，政府负责做好监督管理工作。

提高农民科技文化素质还应该形成社会化学习网络，积极构建由基础教育、职业教育、高等教育和继续教育组成的较为完整的、开放的、高质量的终身教育体系，为农民提供能够负担得起的学习资源和学习场所。

六、加强农民操作技术、技能认证制度创新与建设

对技术性高、技能性强的行业开展培训认证制度，严格把好科技培训"出口"关，严格控制技术、技能证书的发放，提

高各类证书的社会影响力和认可度，使农民科技培训证书、操作技能等级证书等真正成为全国通行、国际认可的农民技能凭证，成为乡镇企业中农民工竞争上岗的"通行证"和"护身符"，从而提高全体农民科技文化素质。同时还应设立农村农业技能等级证书，设立高、中、低三级制，将"农业职称"的评定与村内福利及村社利益分配结合起来，具有较高职称者享有较多福利与优惠，这样在制度上保障了现代农业科技的推广。

农民科技素质的提高，还有赖于好的科技文化氛围。科技文化知识既可以是外部输入的，也可以是主动学习的。有条件的农村可以配套相关优惠政策，吸引那些实用技术人才或农业院校大学毕业生到农村创业，感情留人、待遇留人。还可以选拔那些生产骨干到高等学校或科研院所进修学习，这些人学成归来都可以起到"传、帮、带"的作用。

七、注重实效，开展针对性强的农民教育、培训

顺利开展农村科技教育培训工作，必须做到三个针对，分别是针对不同的教育对象、不同的地区与不同的产业。针对那些高考落榜生，乡村社区要对他们进行劳动实用技能和实用科技知识的培训，使他们尽快融入乡土社会，这些人都是农村科技文化教育的生力军。乡村干部也应该掌握必要的科技知识，他们具有较强的示范作用，他们参与这项工作的积极性会直接带动社区的科技文化学习氛围。对那些专职科技推广人员与佼佼者要及时进行知识更新，使他们能够掌握最新的农业知识，确立其在该项工作中的"领头羊"作用。对于那些准备外出打工人员要有针对性地提高他们的科技能力，提高他们的就业能力。

我国不同地区间自然条件不同，经济发展状况有较大差距，产业特点也各不相同，科技教育要结合当地的产业特点来进行。结合本地农业产业优势，立足科技教育资源现状，以产业为依

托，以市场为导向，进行内容丰富的实用技术培训。培训内容应真正符合产业发展需求，要以企业的需求为导向，而不仅仅是培训单位有什么技术，就培训什么内容要考虑培训内容是不是农业生产急需的内容。

八、培养农村科技骨干

以培养"农村科技带头人"为目标，着力培养一批知识型、技术型农民，使他们能"一人带四邻、四邻带全村。一村带一乡、区域一起上"的"滚雪球"式发展模式，加快科技普及与农民致富。要真正推动农村科技工作的发展，还需要提高科技普及活动在农村社区工作中的地位，强化科技带头人在社区事务中的话语权，因此，可以与组织部门协调起来，确保农村"两委"成员中有科技带头人，这样不仅可以增强科技人员的政治地位，还可以很好地起到示范带头作用。近年来，我国实施的"燎原工程"为推动农村的科技文化发展作出了重大贡献。

九、加强科技图书网络建设，提高科技知识的供给水平

当前，随着社会的发展，越来越多的农民深深感受到仅仅依靠已有知识很难应付农村社会经济的发展，他们对于获取现代科技知识有着强烈的愿望。这些新时代的农民已经不再满足于从长辈那里习得或效仿前人的现成经验，他们转而求助于网络与书籍。为此，应该建立农业科技知识的网络图书馆，农民可以远程查询、浏览科技知识，寻找更适合自身情况的农业科技知识。此外，每个村都应该建立农家书屋，那些缺乏上网条件的农民可以来农家书屋求取知识，这里也可以成为农民交流科技知识，互帮互学的新平台。通过网络与农家书屋的设立提高了科技知识的供给水平，农民从被动学习转变为主动学习农业科技知识，这是农村科普工作进入良性发展的重要表现。

十、全面加大科技、文化宣传与思想教育力度

针对当前部分农民思想传统、保守，封建迷信活动盛行等现实问题，通过宣传教育引导农民思想文化素质全面提升变得十分重要。第一，通过宣传教育，使农民克服小农思想的狭隘性、保守性、封闭性，学习掌握现代、市场等科学意识，增强对新事物的接受能力和市场竞争能力，掌握市场经济规律和法则，提高农民心理承受能力和规避风险能力。第二，通过理论宣传、政策引导、典型示范等途径，激发农民学习科学文化知识、掌握农业生产技术和劳动技能的热情，增强农民科技兴农、科技致富的观念和意识，提高农民学习运用科技文化知识的自觉性和主动性，将传统的督促学习变为农民主动学习。第三，通过宣传教育，开展多种形式的科技、文化活动，繁荣农民文化生活，使赌博、封建迷信等与新农村建设不相适应的文化糟粕没有生存空间。

第三章 现代思想观念教育

随着社会主义现代化建设事业的推进，农民现代思想观念逐步增强。而农民只有树立与现代化建设相适应的现代思想观念，才能更好地推进新农村建设。现代思想观念的内容很丰富，对于农民来说，主要是市场经济观念和生态文明意识。

第一节 市场经济观念

随着社会主义市场经济体制的建立和发展，农村自给自足的小农经济模式已逐渐被大规模交易的现代市场经济模式所取代，农民被推到了必须面对市场、融入市场的新阶段。新农村建设中，加强农民市场经济观念教育，引导农民逐渐摆脱计划经济生产模式，提高他们适应市场、驾驭市场的能力是培育新型农民的重要内容。具体来讲，主要包括以下五个方面。

第一，市场意识。市场经济时代，必须培养农民的市场意识，增强农民对市场的判断和预测能力。过去，农民生产什么、生产多少，与市场都没有关系，除了自己消费，其他的产品国家都会收购。但是，农产品市场化之后，这种生产、消费、销售的思路将不再维持。如果想要在琳琅满目的农产品市场立于不败之地，就必须根据市场的供求关系合理安排生产。在新农村建设中，必须加强对农民的市场经济相关理论的培训，强化其市场经济意识，使其能够掌握和了解市场的变化规律，学会科学合理地分析市场变化的趋势，从而做出正确的判断。除此之外，还要帮助农民学会驾驭市场的实际本领。市场犹如一只无形的手，虽然它无影无踪，但却时刻发挥着作用。所以，农民必须学会以市场为导向，尽量生产出符合市场需求的农产品。另外，政府要积极转变管理理念，尽快从"全能型"政府向"服务型"政府转变，通过向农民提供更多的市场信息，使农民在农业领域的种植或投资不至于陷入盲目境地；通过加强市场基础设施建设，改善市场的内外部条件，使市场的作用得以充分发挥，这样越来越多的农民才不惧怕市场，也才能更好地融入市场，从而在市场经济的海洋里扬帆远航。总之，只有对新型农民进行市场意识的培养，才能使农民合理地利用资源、配置资源并能按照市场经济规律办事，从而克服"从众心理"，进而能够根据市场的需求调整农产品的种植类型和规模等，这样也才能更好地实现农产品的商品价值，取得更大的经济效益。

第二，经营管理意识。新农村建设中新型农民必备的素质之一就是会经营。会经营说到底其实就是具备经营管理意识，即农民具备市场观察能力、科技信息获取能力、风险承担能力等，以便农民能够将家庭资源、人、财、物及土地资源等进行合理组织和最优配置，从而有效地组织生产，懂得谈判、建立与他人及市场的契约关系，彻底从"农夫"向"农商"转变。然而，长期以来受传统"自给自足"的小农经济思想以及计划经济体制的影响，广大农民接受新知识、采用新技术显得比较迟缓，因循守旧，多数农民困守于自己的"一亩三分地"，日出而作，日落而息。农民现代经营管理知识的缺乏导致农民参与市场竞争的意识较差、生产效益低下，农业生产仍然在小规模、低层次上运转，缺乏品牌意识，生产出来的农产品品质较低，科技含量低，精加工程度低，市场销路狭窄。因此，树立和培养农民的经营管理意识，首先要帮助农民学会驾驭市场，及时调整农产品的种植类型与种植规模，使农民能够根据市场的有效需求生产符合市场需求的产品，从而使农民增收，农业增效。其次要让农民接受相关经营管理方面的教育和技能培训，这样农民才能紧盯市场，研究市场，把握市场机会，避免过度重复生产以及低效生产，并能"因地制宜"，充分利用当地的优势资源，走农业产业化和集约化经营的道路，或发展当地特色的旅游农业。比如，随着环保绿色观念的流行，使绿色农业兼有食品、观光等多项功能，农业承载功能更加多样化。最后要增强农民的品牌意识，因为在新农村建设背景下，"酒香不怕巷子深"的时代已经结束了，农民只有增强品牌意识，才能将当地的特色农产品或者农业资源推向市场，并且不断地拓宽销路，从而获得农产品与经济收入的双赢。

第三，信息意识。信息意识是指人对信息敏锐的感受力、判断能力和洞察力。21世纪是知识经济社会，但同时也是信息社会，信息社会的到来，凸显出信息意识的重要性。为了适应市场经济发展的要求，部分农民开始从传统的农业生产模式中走出来，改变了保守、落后的思想观念，开始积极地关注市场，探索新的生产经营形式，逐渐成为一批懂得市场经济运作、有技术、会经营的新型农民。但是，市场的不确定性和风险性往往使部分农民面对市场望而却步，不敢从事经营创新。由于农民家庭的脆弱性，农民在很大程度上从事农业生产的态度是规避风险，而不是追求利润最大化。市场经济条件下，利润的最大化往往伴随着不可预测的风险，农民脆弱的家庭一旦受到打击，便会遭受灭顶之灾。这就要求在新农村建设中，新型农民一定是会经营的农民，必须要善于在瞬息万变的市场环境中捕捉各种有价值的信息，抢占市场先机，从而掌握生产经营的主动权。在市场经济环境下，信息是一种关键性的资源，对信息掌握的程度是获取市场机会的决定性因素。这就要求农民通过多种渠道，采取多种方式，主动深入研究市场，搜集信息并分析信息，在对信息充分了解的基础上，作出生产经营的决策。从而生产出适销对路的特色农产品，这是农业的根本出路，同时也是农民规避市场风险、发家致富的前提和保证。新农村建设中，新型农民不仅要"走出去"还要"请进来"。所谓"走出去"就是指农民要特别注意加强与外界的信息交流，以开放的眼光，积极到经济发达地区进行学习、考察，才能将外部的信息变为本地发财致富的资本。而"请进来"就是指当地政府要经常聘请专家、顾问对农民进行技术指导与帮助，从而将外界先进的理念带回来，更新农民的思路，使农业获得巨大的经济效益。

第四，竞争—合作意识。市场机制之所以能够成为配置资源的有效机制，关键在于它通过对市场主体的优胜劣汰，促使资源向具有各种优势的主体集中，因而大大提升了资源的使用效率。在市场经济条件下，每一个市场主体想要获得机会，不被市场淘汰，就必须不断寻找保持自身核心竞争力的思路和措施，积极提高生产效率，降低生产成本，捕捉市场信息，主动寻找、利用甚至创造机会。任何等待、依赖、消极回避的心态，都将损害市场主体的竞争力。对农民而言，只有培养起竞争意识，积极主动参与竞争，寻找机会，承担责任，才能在激烈的市场竞争中取得优势。而那种怕出头、怕担责任、固守家园，具有保守意识的农民难以在市场竞争中有出头之日。只有使农民成为市场竞争中的新农民，才能使农民有条件自己"造血"，而不是依靠外部的"输血"，从而提高自身竞争能力，在市场中获得发展。传统农业中，农民的生产经营方式较为简单，但是随着市场经济体制改革的不断推进，过去以小家小户进行生产的小农经济显然已经不适应形势发展的需要，农业产业化经营将是未来农业发展的趋势。在农业产业化模式下，集约式经营、企业化生产、订单农业等新形态将逐渐取代农民小家小户的生产模式。在这种趋势下，就要求农民必须克服一家一户的小农生产和自给自足的观念，加强彼此间的合作，放开眼界，跳出村庄，跳出自然经济的狭隘思维，发展各种经济合作组织，了解市场运行规律和市场行情，在规模化生产中提升自己的地位，获得最大化的农业收益。农民只有加大彼此间的有效合作并早日在国际市场上站稳脚跟，才能抵御更大的社会风险，那种"鸡犬之声相闻，老死不相往来"的时代已经不适应现代社会化大生产的要求。在竞争的基础上合作，在合作的基础上竞争，已经越来越明显地表征着现代社会的特征。只有农民树立竞争意识，并将竞争纳入有序的状态和友好合作的氛围，"国际菜篮子"才能做大做强，农民新的增收空间才能越来越大。

第五，风险意识。市场经济是一种竞争经济，有竞争就有优胜劣汰，有优胜劣汰就有被市场淘汰的风险。在全球气候变化加剧、极端天气频发的情况下，农民渐渐对风险有了一定的认识，生产中的自然风险他们并不陌生，有时还能在有限的范围内进行抵御。然而，市场经济中的自然风险对于农民来说却有较大的扩张性，风险的不可预知性加大了农民对所要承受的风险的恐惧与担忧。因为这不仅意味着所有或部分投入付诸东流，还意味着农民要调用其他生活、生产资源来分散其所造成的损失，这种调用又增大了他们遭受其他生活风险的机会和可能。因此，对于大部分农民来说，他们不敢过深地参与市场，还是习惯于"看天吃饭"，而对土地的依赖和经营并不因为无力阻止和无法预期的自然灾害就减弱甚至停止，祈求"风调雨顺"依然是农民规避自然风险的日常活动。所以，增强农民的风险意识，就需要政府认真地研究市场规律，积极提供农产品市场供求形势变化的各种信息并及时将其反馈给农民，尽可能地解决小农户与大市场之间信息不对称、不充分的情况。在此基础上，加强农民的自愿合作意识，提高农民进入市场的组织化程度，降低农产品交易成本，应对市场竞争风险；除此之外，培育新型农民还应教育农民对市场竞争中的风险要有充分的思想准备和防范能力，以做到将市场风险对农民的伤害降到最低。总之，新农村建设中，加强对农民风险意识教育，才能有利于改造传统的农村社会，促使传统农业转型，加快农村人口流动，从而建立起新型的现代市场体系，更好地促进非农产业的发展，改变农民传统的生活方式与生产方式。

总之，市场经济作为一种民主、法制、开放、竞争的经济，其分配方式、运行机制必然引起其运作主体利益的调整和价值观念的改变，对人们的思想道德素质、科学文化素质和心理素质等会提出更高的要求，它能促使生产者产生效率观念、质量观念、平等观念、民主法制观念和信息观念，这对于培育农村市场经济主体的农民，对于农民素质的提高和促进传统农民向现代农民的转变具有积极的推动作用。

第二节　生态文明意识

"生态"一词，与生态学相关，"生态学（Ecology）"一词的希腊文原意为"住所的研究"。1866年，德国动物学家海克尔第一次为生态学下了一个定义，将生态学放入一个整体的视野，意指"生态学就是研究生物与其外部世界的关系的科学"。1935年，英国生态学家，阿瑟·乔治·坦斯利受丹麦植物学家尤金纽斯·瓦尔明的影响，首次提出"生态系统"（Ecosystem）的概念，这标志着生态学得到了长足的发展，又向前迈进了一步。坦斯利的生态系统观克服了从个体出发孤立性思考的缺陷，认识到一切有生命的个体都是某个整体的一部分，从而把整个自然都纳入一个大系统中，研究整个自然系统内所有现象和所有能量的信息交换、流动与变化，除了人与生物以外，还包括人与人之间的互动关系及其规律。总而言之，生态思想的核心是生态系统观、整体观和联系观，生态思想以维持生态系统平衡、保护生态环境、着眼于社会整体利益为出发点和终极目标，而不是以人类或自然界存在的任何一个物种、任何一个局部的利益为价值判断的最高标准。

党的十七大报告首次把"生态文明"这个概念写入党代会

的政治报告。而在党的十八大报告中，则将"生态文明"提升到更高的战略层面。生态文明是人类文明的一种形式，是指人类遵循人、自然、社会和谐发展这一客观规律而取得的物质与精神成果的总和；它以维护和尊重自然为前提，以可持续发展为依托，以生产发展、生活富裕、生态良好为基本原则，以人的全面发展为最终目标，从而实现人与自然、人与人、经济与社会的协调发展。从本质上说，生态文明体现的是现代社会人类所应具有的一种选择能力。新农村建设中，面对资源约束趋紧、环境污染严重、生态系统退化的严峻形势，必须树立尊重自然、顺应自然、保护自然的生态文明理念，把生态文明建设放在突出地位，并融入经济建设、政治建设、文化建设和社会建设。总之，生态文明观的确立是党科学发展、和谐发展理念的一次升华，是人类文明发展的新阶段，是党为实现可持续发展而进行的理性选择，体现了社会的历史必然性与现实合理性的统一。因此，生态文明建设是关系人民福祉、关乎民族未来的长远大计，只有把生态文明放在突出地位，才能建设美丽中国，实现中华民族的永续发展。

众所周知，我国是一个农业大国，农业生产对自然资源和环境的依赖性很强、占用和消耗的自然资源较多。目前，我国农业生产经营还比较粗放，不科学的、粗放的农业生产经营方式，对资源和环境造成很大的浪费和极大的破坏，农村的生态环境愈加脆弱，生态问题日益突出，它对农业生产的可持续发展以及整个农村社会的发展都造成了极大的影响。具体来讲，主要表现在以下六个方面。

第一，粗放的农业生产造成的污染。我国人多地少是不争的事实。在现有的土地资源上要养活中国众多的人口，这已经成为一种巨大的压力。因此，对土地资源的极限开发就成了人们追求自身局部利益的渠道，为了提高土地产出水平，化肥、农药的无限制施用等都造成了农业生产的面源污染。

第二，农村土壤环境的污染。近年来，我国的耕地面积在不断减小，大量化肥、农药的使用使土壤污染问题不断恶化。据统计，我国每年粮食减产或被重金属污染的粮食高达1 200万吨，合计经济损失至少200亿元。

第三，水体污染。水是生命之源！珍惜水资源，合理使用自然降水和灌溉水，提高农用水的利用率是对生态环境的保护，也是对地球母亲的呵护。但是长期以来我们实行的是水资源和环境无价制度，这不仅造成了水资源的任意浪费，而且导致了水资源和环境的进一步恶化。绝大部分工业废水和生活污水未经处理就直接排入河道，水污染致使农业减产，导致农作物中有毒物质的富集，降低了农产品的质量，不少地区水资源污染已经直接威胁到了农民的生存。

第四，农村生活垃圾污染。不管生活在城市还是农村，我们每天都会产生的大量的生活垃圾。在城市，生活垃圾有专门的处理方式和堆放设施，而在农村，生活垃圾基本上是一种自生自灭或放任自流的状况。笔者曾经在农村进行过调研，据农民反映，随着自身生活水平的提高，农村的生活方式不断城市化，农民所消费产品的数量和种类也逐年增加，因此生活垃圾的数量和种类也急剧增加，但生活垃圾的处理却成为他们头疼的问题。其中，生活垃圾中相当一部分是不易分解的塑料、铁、铝、玻璃类物质，它们不能作为化肥而施于土地，而且农村也没有专门的地方去处理这些垃圾。因此，随处填埋、胡乱堆放就成为他们没有选择的选择。很显然，农民生活垃圾恶化了农民的生活环境，危害着农民的身心健康。

第五，畜禽粪便污染。近年来，农村的畜禽养殖业成为农民发家致富的一个新思路，但是由于农民的养殖不具有科学性，再加上条件的制约，因此，畜禽粪便成为新农村建设中又一重要污染源。这些畜禽粪便的任意排放，甚至不加处理地当作化肥使用，不仅对水资源、土壤和空气等造成了严重的污染，而且造成了农作物的污染。在提倡绿色生态消费的今天，畜禽粪便污染是一个严重的问题，不仅农民的生存环境受到影响，甚至传染病和寄生虫病在农村也有所蔓延。据有关资料显示："目前我国每年畜禽养殖排放的粪便水总量超过 17 亿吨，畜禽养殖形成的污染废弃物的产生总量已超过工业固体废弃物的产生总量。"

第六，乡镇企业对农村环境的破坏与污染。20 世纪 80 年代以来，乡镇企业曾经作为国家经济新的增长点，为农村经济的发展和国民经济的增长作出了巨大贡献。但随着科技的进步，这类企业已经不适应社会发展的需要。由于资金的缺乏以及国家扶持力度的欠缺，它们中的大多数设备落后、科技含量不高、产品质量欠佳，企业管理者可持续发展的理念以及环境保护意识薄弱，他们只顾自己的企业能否产生最大的经济效益，而对于资源是否合理利用，对生态是否造成破坏，对环境是否造成污染等问题考虑甚少、甚至不去考虑。因此，这就使得环境污染又多了一重来源。

"村容整洁"是新农村建设的发展目标之一，它强调了在农村发展中，生态环境的保护应该放在突出的位置。然而，当前人们对"村容整洁"存在着这样那样的误区，部分农民认为，只要盖新房、搞规划、整顿村容村貌就能使"村容整洁"。这其实是关于"村容整洁"问题理解上的误区。村容整洁不仅仅是新建村庄，农民住房要整齐划一，农村的道路要平坦宽阔，而且是在这一切表面的发展背后，更应该保护农村的生态环境，因为良好的生态环境是农村经济可持续发展的基础和必不可少的条件。遗憾的是在农村环境恶化的现象仍大规模地发生着。严酷的现实告诉我们，人类的发展是宇宙系统的一个组成部分，即人类的发展不仅要讲究代内公平，而且要讲究代际公平，这是人类对自己负责，也是对他人、对社会、对后代负责。如果农村生态环境恶化问题继续下去，那么就动摇了农村可持续的发展的基础。不可否认的是，人都有着内在的需求，而这种需求也成为社会发展的一种动力。然而，人也都有着功利性的一面，这就使得人的需求往往超出理性能控制的范围，从而使人的欲望在脆弱的生态环境面前不断膨胀。人们向自然索取时，仅仅考虑的是生态环境能提供什么，而从不去考虑生态环境本身存在的价值和权利。从根本上看，农村生态环境的恶化，与人类向自然界的任意索取有着很大的关系，当人类向大自然索取资源的速度超过资源本身替代品再生速度的时候，当向环境排放废弃物的数量超过环境自净能力的时候，环境的恶化就成为必然结果。所以，在新农村建设的过程中必须对生态文明予以高度重视，必须加强对农民的生态文明教育，具体内容如下。

首先，产业结构符合生态和环境政策。"生产发展"的意蕴就是解放生产力，大力发展生产力，进而提高人民的生活水平。然而，任何生产力的发展都是对前一代人生产力发展的继承。新农村建设中，我们要在原有生产力发展的基础上，不断地改革和创新发展模式，大力发展生态农业，促进农村的生态文明发展，促进农业增产和农民增收。具体来说，就是在农业发展的过程中，要遵循生态规律，严格执行国家的各项标准，尽量减少化肥和农药的使用，增加有机肥的使用，使用生物手段防治病虫害，发展无公害产品。尤其要杜绝对农产品使用中等毒性以上的农药。所以，新农村建设中对农民进行生态文明教育就是使他们认识到：生态文明建设首先应该体现在产业结构上。如果农业的发展对生态环境造成了损害，即便农业获得了很好的经济效益，也是与生态文明建设背道而驰的。而经济效益和生态效益的完美结合，不仅保护了农业生产的资源与环境，而且能够实现农业的可持续发展。正如党的十八大报告所明确提出的"要着力推进绿色发展、循环发展、低碳发展，形成节约资源和保护环境的空间格局、产业结构、生产方式和生活方式"。只有如此，才能从源头上扭转生态环境不断恶化的趋势。

其次，居住环境优美。它主要是指农村脏乱差状况得到一定程度的改善，农民居住环境干净整洁、农民生活幸福安康。具体来说，就是农村的街道规划整齐，布局合理，一些公共设施完善且符合标准；按照不同标准街道应有一定的绿化面积，可以根据经济条件选择不同的绿化苗木结构；村庄干净没有卫生死角，农村用水水质清洁；畜禽实现圈养，与生活区隔离；生活垃圾、排放物不随意丢弃和堆放等。所以，新农村建设中，对农民进行居住环境美化的教育，就是使农民增强环境与卫生意识，把维护环境卫生变成农民的自觉行为，从身边做起，给自己创造一个良好的人居环境和持续稳定的生态系统，而不是先造成环境污染，然后再去做补救性的治理。"当前我国的环境污染和自然资源、生态平衡的破坏已相当严重，影响人民生活，妨碍生产建设.成为国民经济发展中一个突出的问题"。实践告诉我们：生态环境一旦被破坏，要恢复原有环境状况十分困难，有些破坏甚至是不可逆转的。新农村建设作为一项惠及农民、利在千秋的事业，应该根据各地的实际情况保持相应的发展特色，而不是搞"一刀切"，只有重视生态文明建设，保护好环境，那么山水交融的田园风光与安静舒适的居住环境就一定会成为农民乐于栖居的理想家园。

最后，和谐的社会关系。乡风文明是社会主义新农村建设的灵魂，如果说优美的居住环境是处理人与自然的关系，那么和谐的社会关系就是处理人与人的关系。乡风文明作为社会主义新农村在经济、政治、文化、社会等方面建设成就和发展成果的外在表现，更体现的是社会主义新农村在精神层面的追求。传统的农村社会，基于血缘关系、地缘关系以及宗法观念，人们形成的是血水情深、邻里互助、安静祥和、和谐共生的社会关系。而随着工业时代的来临，基于血缘关系、地缘关系以及宗法观念之上的意识逐渐淡化，宗族作为社会的核心组成单元渐渐被分裂、解体。但是，传统文明所植根的土壤的破坏并没有改善家庭内部的关系，相反，家庭内部矛盾重生，邻里之间甚至"老死不相往来"。社会主义新农村建设中，构建和谐的社会关系就是要重视农村传统风土人情的回归，使农民群众的思想、文化和道德水平不断提高，使他们崇尚文明、崇尚科学、远离迷信、改变不合理的生活方式，进而构建家庭和睦、民风淳朴、互助合作、稳定和谐的良好社会氛围。和谐的社会关系是生态文明教育的重要基础，如果不能处理好农村的各种社会关系，就很难想象能够处理好人与自然的和谐关系。实际上，人类理想的家园不是乡村城市化，而是人们能够无拘无束地亲近大自然，充分享受大自然的阳光和雨露，有一个和谐的人际环境、社会氛围。

总之，生态文明作为一种生态文明观念，它通过人与自然、人与人、人与社会的和谐相处，来证明人的价值，最终实现经济、社会和环境的共赢，这也正好契合了中国传统文明中"天人合一"的智慧。只有新型农民树立生态文明观念，注重对自身生存环境的保护，新农村才会成为空气清新、环境优雅的和谐人居环境。务农也定能成为人们羡慕和留恋的职业，并且蓝天白云、绿水青山、鸟语花香、波光涟漪、稻花飘香等美景不仅仅是陶渊明《桃花源记》中所描述的人间仙境，它必将遍布我国的广大新农村。

第四章　责任意识教育

在公民社会中，公民必然承担着相应的责任，公民责任是塑造现代公民的首要前提，公民责任建设既能为公民道德建设奠定坚实的基础，也能为社会主义建设事业提供动力支持。农民工作为公民社会中的重要群体，其责任意识的强弱与社会主义建设事业密切相关。

第一节　责任意识教育的理论阐述

责任意识是公民素质的必要方面。公民责任意识培育深受国家重视，公民责任意识的强弱与社会进步、国家发展息息相关。在新的历史时期，要实现中华民族伟大复兴的中国梦，就必须在深入认识公民责任意识教育内涵和目标的基础上，坚持依法治国和以德治国相结合，大力弘扬中华民族传统美德，全面增强公民责任意识。

一、公民责任意识的内涵

公民意识是在社会发展进程中逐渐形成的，表现为公民对自身社会地位、权利与义务、公民主体性的理性自觉。公民责任意识是公民对自己在社会公共生活中所要承担的责任的合理认知和评价。公民责任意识是一种自觉的理性认识，包括两方面的内容：一是对公民所应承担的责任有明确认知和合理判断，二是对自身作为责任主体的合理性和必然性有深刻的认识。公民责任意识为公民主体的行为指明了方向，为公民履行责任提供了客观依据。

在不同国家、不同地域以及不同的社会发展阶段，公民责任意识的内容具有差异性。从普遍意义上看，公民责任意识主要有国家责任意识、社会责任意识、自我责任意识和环境责任意识等多方面内容。国家责任意识是公民对于国家的归属感和认同感，是一种向心力。我国公民对于国家的归属感，是身为中华儿女的自豪感与荣誉感，以及由此而产生对祖国疆土的眷恋之情；对于国家的认同，是指拥有中华人民共和国国籍的公民对国家主权的认同，对保卫祖国和服务祖国的责任和义务的认同。国家责任意识是国家在保障公民权利与利益的同时，公民对国家尽忠并要承担相应职责义务的心理状态。爱国主义是国家责任意识的核心，是最高层次的国家责任意识的体现。个人的发展离不开社会，公民的所作所为应从社会的长远角度出发，站在人类社会整体利益的基础上，保障社会的良性运行和持续发展，这就是公民的社会责任意识。公民的社会责任意识要求公民具有集体主义的价值观念，反对以个人主义、实用利己主义等原则来破坏社会的良性运行和发展。自我责任意识是个人对"我要成为一个什么样的人"的自我认知和态度倾向，在这里就是指个人要对自己的生命、天赋、才能以及家庭负责，要做身心和行为的主人，在自我与社会、国家、环境的关系中找到、找准自己的人生价值和社会定位。环境责任意识是公民对人与环境关系的主观反映，是公民对环境和环境保护的一种认识水平和认知程度，又是公民为环境保护而不断调整自身经济活动和社会行为以及调整人与自然关系的实践活动的自觉性。

从公民责任意识的内容上看，各种责任意识体现出一定的层次性。公民责任意识是以自然环境为基础，以对自我与社会的责任为起点。公民的国家责任意识是以公民自身独立人格为基础的高层次的责任担当。公民作为社会和国家中的一员，要以承担个人责任为基础，超越狭隘的个人局限，通过参与社会活动展现自己的社会价值，并在社会活动中锻炼自我，提升自我，成长为人格健全、和谐而独立的人，在此基础上为社会进步和国家富强作出贡献。

二、公民责任意识教育的内涵

要促使公民成长为具有道德责任人格的公民，就必须全面进行责任意识教育。责任意识教育是有组织、有计划、有目的地对行为者进行以"责任"为核心的政治、思想和道德等多方面施加影响的教育过程，培育责任主体，增强行为主体对自身、社会、国家、环境的责任意识，最终形成责任意识和责任人格的过程。通过责任意识教育可以深化个体对道德责任的认知，提高其自由选择与责任承担的能力，使之能在人生的不同阶段、面对复杂多变的社会情景做出正确的道德判断。

公民责任意识教育指向作为社会基本行为主体的公民，意在使公民具备责任意识，使他们自觉承担责任，而对其进行有目的、有计划、有组织的教育过程。公民责任意识教育包括两个方面的内容：一是制定标准，即行为规范、行为准则以及办事原则；二是将这些规范、准则融入行为主体的意识中。通过标准的制定，使其能够自觉调整自身行为，同时能监督和评价其他行为主体做出的各种行为。

从本质上看，公民责任意识就是以教育的方式增强公民的责任意识，深化公民对个人、社会、国家的认知，使他们更加自觉地、积极地承担公民责任。就公民责任意识教育的目标而言，公民责任意识教育就是围绕着"培养什么样的公民""公民的责任应当达到何种程度"等问题展开的，并且改进公民责任意识教育中的不足，从而达到预期要求。而回答"培养什么样的公民""公民的责任应当达到何种程度"等问题的核心就是培育公民责任意识。

意识是指对事物的认知、感知和理解。公民首先要意识到作为一名公民要承担相应的责任，在此基础上要明确自己所应承担的责任，进而可自由选择自己要承担的责任。从本质上说，公民对责任的自由选择，表明公民认同和接受了下一阶段的责任。公民责任意识教育第二阶段的目标是培养责任情感，情感就是感情、职责和使命。公民在承担责任的过程中要有激情、有动力，要把承担责任视为应尽的义务，特别是在没有法律制裁和社会谴责的约束下更要自觉承担责任。在完成公民责任意识和责任情感培育的目标后，公民责任意识第三阶段的目标是培育公民的责任意志，意志实际上也是担当、勇敢和坚持。公民在形成责任意识和责任情感的基础上，对责任的执着追求是公民的必备素质。公民要勇于承担责任，无论在什么条件下都不退缩、不逃避。公民责任意识第四阶段的目标是责任能力的获得。一名合格的公民要具备多方面的基本素质，公民责任能力的实质是对公共事务的关注以及公共精神的仰慕；集中体现为对公共事务的自觉参与，对公共利益的自觉维护；在日常的公共生活中，时刻关注公共福祉，自觉履行公共职责。公民责任能力的形成，是公民责任意识教育的最终目标，是实现公民责任意识教育目标的标志。

公民自主承担责任的前提是具有公民责任意识。培养责任公民，就是对公民进行责任意识、责任情感、责任意志和责任能力的教育。在进行农民工责任意识教育过程中，既要引导农民工形成责任意识，也要促使他们获得责任能力，以实现责任意识向责任行为的转化。

三、公民责任意识教育的目标

责任意识是每个共同体成员都应具备的素质，其形成有赖于责任意识教育的开展。责任意识教育要求人们形成良好的人格品质，旨在培养个体作为共同体中的一员对共同体的感情及其参与公共生活的能力。

（一）责任意识教育旨在引导个体形成对共同体的认同感与归属感

个体对共同体的认同感与归属感是其自我概念形成的基础，能让个体认识到"我是谁"，也有助于提升个体对共同体的满意度，进而产生对共同体的责任情感，责任意识便由此形成。

在公民责任意识教育中，一要使个体明确自己在所处国家或共同体中的位置，认识到自己是国家公民或共同体成员，并形成对自我身份的认同感。在明确自己属于国家或共同体一员时，个体就能够感受到共同体对自己的确认，感受到自身与其他成员之间的联系。个体在承认自己的公民身份时，就会理解包括自己在内的个体与共同体之间的密切联系，由此形成对共同体的认同感。二要加深个体对共同体的认知，使个体与他人建立合作与交流的关系，进而使他们在互动过程中产生积极情感。这种积极的责任情感首先表现为个体对社会现实的热情和关注，具有积极情感的人，会主动关注身边的人和事，会持续关注国内外发生的大事，也能积极参与公共生活。个体对共同体的积极情感还表现为对当代危机的忧患意识和对人类社会的终极关怀。具有积极责任情感的人，能感受到现实危机，能对人类社会的发展保持深切关注，他们在关注社会现实的同时，也要深入思考当代社会人类生存的困境，并承担起自己对人类未来发展的责任。三要通过责任意识教育使公民自觉承认自己是国家或共同体的一分子，认可其他公民是自己的同胞，从心理上形成对国家和共同体的认同感，获得情感上的归属。在这种归属感的支持下，个体内心充满对国家和共同体的热爱，具有对同胞的关怀意识，并将做好与公共利益相关的事情视为自己的责任。

（二）责任意识教育旨在培养公民的参与意识和参与能力

对于国家和共同体而言，权利公民是一种冷漠的存在，这样的公民对公共生活持以消极态度。而责任公民是一种积极的存在，对共同体充满热爱与认可，他们对共同体的热爱也会融入维护公共利益的实际行动，会自觉参与公共实践。在参与公共实践的过程中，公民才能肯定自己，形成主人翁意识，发挥自我才能，共同推动共同体的发展。要引导个体履行自己作为公民角色的责任，就必须通过公民责任意识教育培养公民的参与意识和参与能力。

第一，公民首先要明白自己在做什么，自己的哪些行为属于公民参与行为。公民参与主要包括政治参与和社会参与，政治参与是指公民参与政治事务和参与治理，社会参与是指公民自愿参与那些完全由公民自发组织、自我管理的社区活动与非政府组织和社团。公民参与不同于其他行动要形成有效参与，公民就必须明白自己应该做什么和能够做什么。

第二，公民要对政治参与和社会参与的行为产生认同感，承认自己是公民参与的主体，在此基础上不断提高自己的认知水平和参与能力，以增强政治参与和社会参与的有效性。公民的参与能力多种多样，如理解他人、同他人合作与交流的个体关系能力，以判断推理、理解批判为内容的个体分析能力，以解决问题、作出贡献为内容的个体成就能力。

第三，公民责任意识教育要引导公民主动参与到公共生活中，在公共领域中行动，增强自身责任行为的适应性。作为共同体中的一员，公民应在公共参与中合理运用自己的技能，提高自身的公民参与能力，承担起解决公共问题的公民责任。

四、公民责任意识教育的必要性

（一）公民责任意识教育是培育公民责任意识和责任能力的重要途径

好公民并非天生的，而是在社会环境和后天教育的双重作用下形成的。公民作为社会中的一员，必须明确自己的社会角色，适应自己的公民身份。对于自己生活的、被运作于其中的社会、法律以及政治体系，公民必须在深入理解的基础上遵从这些要求，主动适应现实社会。对此，教育起到了至关重要的作用。而公民责任是公民角色的重要体现，公民责任意识的养成同样离不开教育。公民对于自己责任的认知、认同、理解和体会，公民能否具备责任意志和责任能力，公民素质的全面提升都要建立在教育的基础上。

（二）公民责任意识教育是构建社会主义和谐社会的必然需求

根据社群主义的逻辑，理想的社群应该是建立在公民友谊基础上的和谐社会。作为社群中的公民，必须首先是一个责任公民。"民主法治、公平正义、诚信友爱、充满活力、安定有序、人与自然和谐相处"是我国社会主义和谐社会的六大特征。在社会主义和谐社会中，社会主义民主能够得到充分的发扬，依法治国方略得以贯彻执行，社会各领域、各群体的利益能够得到妥善协调，矛盾得以恰当处理，全体公民能够诚实守信、互帮互助、团结一致，社会秩序井然、人民安居乐业、生态良好，人与自然和谐共处。这正是社会主义和谐社会所追求的目标，而这一目标的实现离不开全体公民的共同努力。公民是否具备强烈的责任意识，公民能否充分认识到自己扮演的社会角色，都与国家发展密切相关。社会主义和谐社会的构建，需要公民的积极参与，需要公民对国家、社会、他人以及生态环境保持高度负责的态度。在当前实现中华民族伟大复兴中国梦的进程中，公民更要具备强烈的责任意识，为实现中国梦而贡献自己的力量。

（三）公民责任意识教育是防范和治理现代危机的必要方式

在构建社会主义和谐社会和实现中华民族伟大复兴中国梦的进程中，不可避免地存在诸多社会矛盾，我国社会的各个领域都存在一些不稳定的因素，这些不稳定因素是实现中华民族伟大复兴的中国梦的重要阻碍。我国发展面临的现代危机，尤其受到公民责任意识强弱程度的影响，这是由于作为主体的公民是防范和治理现代危机的关键力量。现代社会中，包括安全意识、法律意识、环境保护意识等在内的公民责任意识缺失是造成自然灾害、交通事故、公共卫生事件屡屡发生的重要因素之一。要避免灾害和事故的发生，既需要重要领导人的科学决策和管理，同时也离不开广大人民群众的共同努力。可见，公民责任意识对于防范和治理现代危机意义重大。公民素质是一个国家综合国力的坚实后盾和重要体现，在公民责任意识的培育过程中，教育的关键性作用是不可撼动的。

第二节　农民工责任意识教育的现状

一、忽视农民工的真实需求，较少直面冲突

在农民工成长与发展中，针对该群体的教育往往以职业技能培训为主，而责任意识教育容易忽略农民工的真实需求。在传统意识中，农民工教育工作就是要提高该群体的工作技能，因为对技能培训的过分重视，往往容易忽略农民工素质提升的基本需求，认为只要具备较高的职业技能就能实现发展。反思近年来的农民工教育培训工作，教育培训确实为各行各业提供了更高水平的从业者，但仅仅关注职业技能培训极易引发这样一个问题：农民工有才而无德。一些农民工面临诸多人生困惑而束手无策，也有一些是极端的利己主义者，容易对个人成长和社会发展产生不利影响。现阶段，农民工教育培训工作存在一定的片面性，这种片面性体现在以下四个方面。

（1）在对道德教育的认识上，相关主体较为功利和狭隘，通常从外在的制度和规范上加强农民工责任意识的培养，虽然

也将农民工视为社会的一分子，但这个一分子仍然局限于集体的范畴，更多的是从促进社会和谐、推动社会发展的角度加以强调的，甚至将农民工责任意识教育建立在维护"虚幻的共同体"的需要上，由此产生了具有外在化的弊病。

（2）在责任意识教育的目标确立上，农民工责任意识教育的目标或是空大或是死板，缺乏感染力和号召力，目标表述则以命令型、应该型为主，极少关注农民工个体的经验层面或实际生活需求，教育目标脱离农民工的真实感受，导致农民工难以将责任意识教育目标视作个人追求，农民工与责任意识教育的内在联结也无法真正建立起来。

（3）在责任意识教育内容上，农民工责任意识教育存在两大问题：①有关责任意识教育的内容前后衔接环节不够，纵向推进与横向建构存在缺乏衔接的弊端，存在不同程度的倒挂、脱节、简单重复、脱离实际等问题，横向建构上未能形成教育合力，社会中的不良风气容易对农民工的道德信念产生不良影响，消解教育培训的正面影响，而且互联网的虚拟性和网络行为的隐蔽性为农民工的不负责行为提供了空间，仍未能建立起农民工系统和完整的教育体系。②责任意识教育内容平铺直叙，缺少矛盾冲突，不敢直面问题。教育者在向农民工进行责任意识教育时，较少讨论现实生活中那些对农民工造成价值冲突的责任事件，而只是简单地、按逻辑呈现规范论的要求，这样的教育难以真正深入农民工的内心。农民工在城市中生活和工作，仍然处于自我完善和不断成长的阶段，责任意识教育对其成长和发展至关重要，如果教育内容不能体现或契合农民工的真实需求，而仅仅以理论传输的方式进行，显然难以激起农民工的责任意识与情感需求。在责任意识教育中，既要避免脱离现实的空洞说教，也要警惕那些为迎合农民工的好奇或吸引其注意而产生的不负责行为，因而要立足于农民工的发展实际，对其进行合理的价值引导，使他们将外在的理论内化为自觉的责任意识。

（4）在教育对象的个体需求上，目前进行的责任意识教育往往更多地关注农民工整个群体，而较少关注其个体需求，导致个体受到一定程度的压抑。随着科技进步和经济发展，人的主体性日益凸显，对个体的关照和尊重的需求更加强烈。如果农民工责任意识教育不能适应时代的发展要求，忽视农民工的真实需求，则容易使他们在责任问题上呈现知行背离的状态，即责任认知与责任行为的脱节和失调，表现为只知不行、行而不知、知行不一。因此，农民工责任意识教育应充分尊重该群体的真实需求，直面真实的责任情境，结合现实中的责任事件，在满足农民工情感需求的基础上进行合理的价值引导，使他们将责任意识落实到责任行为上。

二、过于重视理论知识灌输，教育方法和途径较为单一

农民工公民意识教育逐渐受到重视，但往往集中于思想政治教育、法律教育和心理健康教育层面，而责任意识教育长期被忽视。农民工责任意识教育过于重视理论知识灌输，教育方法和途径较为单一，难以真正实现对农民工责任意识的培养。责任意识教育内容指向的是个性鲜明、尚处于成长与提升阶段的农民工，如果不关注其真实的心理需求，而将社会需要农民工了解的知识灌输给他们，难以获得应有的教育成效。理论灌输本身无可厚非，这种教学方法甚至在教育过程中是必不可少的，但如何进行理论灌输，是教育者必须深入思考的问题。在责任意识教育中，要采用农民工易于接受的理论灌输方式，同时要合理安排教育内容，注重联系农民工的实际情况，避免理论知识传授给农民工带来枯燥感，要使农民工能主动接受、理解和认同，进而产生内化自觉的责任意识。

目前，农民工责任意识教育基本上遵循"知、情、意、行"的道德发展规律，通过理论灌输的方法试图帮助农民工建立严

谨的理论认知，并认为有了责任认知，就会自然而然地产生责任行为，实际上并非如此。在使用理论灌输法时，主要通过说服、规劝和奖惩等方式引导农民工接受教育者所传授的内容，或是用一种学说或价值体系去影响农民工的思想，但是，这会导致远离真实的问题，不利于农民工责任意识的形成。从责任意识的生成机制来看，它作为一种情感、一种思想认识，是需要情境和事件的，并不能无中生有，是在一定的情境中通过一定的事件而产生的，促使责任认知与责任行为发生联系。长期以来，人们对情感持以漠视态度，总是担心情感对思想意识和行为方式产生不良影响。其实这种顾虑是不必要的，近年来，神经科学、心理学、社会学等学科的前沿研究均以表明，情感具有本体性的价值。然而，在农民工责任意识教育中，往往将数百人集中在一起，对其进行理论灌输，试图让他们认识到责任的重要性，这如何能让农民工产生情感共鸣？这本身就是对教育规律和情感规律的漠视，缺少对农民工个体存在的真实情境的关注，忽视了农民工的主体性人格。

此外，农民工责任意识教育通常是围绕自我责任感和社会责任感进行的，以灌输和自省为主要方法，重视自我教育和自我修养，缺少对多种方法的综合运用。教育方法和路径的单一性，反映了思维的单一性，体现了对问题的反思和解决问题思路的单一性，这表现了对农民工作为个体存在的忽视。责任意识关涉的是个体与他者的"联结—回应"，单一的教育方法难以真正建立起这种联结，也难以获得农民工的回应。农民工都是真实存在的个体，他们有各种各样的人性需求，这些需求离不开教育者的引导与支持，而多样化、契合其内在需求的责任意识教育方法，才能真正得到农民工的认可，才能使教育内容深入农民工的内心，由此激发农民工的责任意识。

第三节　农民责任意识教育的策略

优化农民工责任意识教育策略，是培育农民工责任意识的需要。在当前时代背景下，要积极转变农民工责任意识教育理念，构建四位一体的农民工责任意识教育网络，并且为农民工责任意识教育提供法律保障，以促进农民工责任意识教育的落实，有效培育农民工的责任意识。

一、转变农民工责任意识教育理念

转变教育理念是农民工责任意识教育科学推进的前提。如果教育理念陈旧，责任意识教育的科学性和有效性就会大打折扣。因而要坚持理念先行，然后将先进理念融入教育行动中。

（一）树立现代的责任观

我国向来重视责任实践，但我国传统的责任观往往忽略个体需求，过于强调个体对社会和国家的责任，而忽视了社会对个体的责任，即个体的权利问题。在现代社会中，责任与权利是不可分割的。责任通常有两种类型：一种是超越的责任观，即要求超越个人利益，强调无私奉献，要求责任主体做出的义善之举、不以个人功名利益为动机，一旦掺杂了个人不可告人的思虑与打算就会玷污责任行为的纯洁性，使责任性质发生变化。在现实生活中，人们倡导见义勇为、公而忘私的善举，竭力维护道德规范的高尚与纯洁。社会中的确存在这样的人，他们的行为动机具有超功利性，值得他人敬仰和学习，但这种崇高的责任意识并不是每个人都能做到的，这种超越的责任观应建立在个人利益得到满足的基础上。而农民工是生活于城市中的弱势群体，他们首先必须保障个人生活，维护个人利益，获得个人发展。另一种是现实的责任观，即要求考虑到个体正当的利益需求，并不以超功利来衡量个体的道德品质，而是允许恰当的、合理的利益诉求。现实的责任观体现了现代社会市场经济行为的基本诉求，即尊重正当利益，尽管这些责任行为动机并非出于道德需要、道德兴趣和道德理想追求、道德信念，但却是符合社会外在的规范和制度要求，符合社会公平、正义的基本价值取向。现实的责任观是自爱与利他的统一。这种责任观符合"80后""90后"农民工的个性特点与成长需求。农民工来到城市谋生，他们所关注的社会问题往往是能对切身利益产生影响的问题，他们迫切希望这些社会问题得到解决，以维护自己的切身利益，使自己获得更大的发展空间。因此，对于农民工而言，并不主张所有人都去追寻超功利的责任观，而是主张基于个人的正当利益原则，符合社会生活中现行的规范和正义。这不仅强调主体应该履行对他人、对社会的责任，更表现在行为主体或多或少的自我牺牲上，它要唤起的是人们对社会整体利益和幸福实现的责任意识。在他人和社会需要时尽可能做出责任行为，既能维护自己的正当利益，也能体现对社会的责任。在责任意识教育中，要逐步提升农民工的责任能力，进而提升其责任观，使他们的责任意识逐渐达到超功利的境界。培育农民工现实的责任观，是当前责任意识教育的当务之急。

（二）树立人本主义的教育观

人的生命是身、心、灵相互联结、彼此依存并相互转化的统一体，其自身是一个不断内部循环的系统。同时，人的整个生命体又与外部世界、与他人发生联结，由此获得属于自己生命的独特感觉与经验。无论是从内部循环系统还是从外部联结的层面来看，人总是在某种关系中维持生命作为一个完整体顺畅运转、协调发展。因此，对于生命体的认识，既要关注自身的内部统一，也要涉及生命的内外部关系，关照人自身对生命内外关系的意识，包括觉知、感受、体验、反思等不同表现。在农民工责任意识教育中，应该对农民工的生命整体予以关注。关注农民工的整体生命，就是关注其生活世界，关注他们在生活世界中面临的冲突与困惑,关注其烦恼和期待。对此,教育者应从教育目标的设定、教育内容的完善与优化、教育方法的选择出发,为农民工营造有助于培育责任意识的情境,关注影响责任意识形成的重要事件与关键个人,农民工责任意识教育应体现"以人为本"的理念,在制度规范和人文关怀方面寻找结合点,重视与农民工之间的情感联系,通过心灵上的沟通与交流来影响农民工,这种人文关怀和人道主义立场对于增强责任意识教育的有效性意义重大。

(三) 树立关系型的情感观

情感是在关系的"联结—回应"中逐渐积累并走向成熟的。农民工的责任意识也是农民工在自我、家庭、他人、集体、国家的关系联结中逐渐形成的。因而教育者应关注农民工的情感状态,培养其有价值的情感品质。基于斯宾诺莎对情感的解释,可从正向/负向、积极/消极两个不同的维度来认识情绪状态,正向/负向表示情绪情感所带来的生理意义上的感受,积极/消极表示情绪情感对于人的长远发展的意义和作用特质。情感状态会对他人的行为选择产生影响,因而教育者应强化这种正向、积极的情感体验,而避免负向、消极的情感体验。对于农民工责任意识而言,愉悦感和成就感是正向、积极的情感体验,而受挫感和羞耻感是负向、消极的情感体验,这种受挫感和羞耻感也能在某种程度上产生积极影响。在责任意识教育过程中,教育者要培育与呵护农民工的愉悦感和成就感,这种积极感受是他们在履行应尽道德责任的基础上而产生的满意感和尊严感,能为稳固的情感体验的形成奠定基础,进而促进责任意识的生成和责任行为的落实。对于农民工产生的受挫感和羞耻感,是他们未能很好履行应尽的道德职责而产生的一种否定性判断及其伴随的惭愧感和自责心理。教育者应及时反思并客观评价农民工产生受挫感和羞耻感的缘由与过程,发挥这种情感的积极价值,引导农民工树立信心,并以更好的道德责任投入工作和生活中,使他们在履行责任的过程中逐渐产生荣誉感和成就感。

二、构建四位一体的农民工责任意识教育网络

在创建学习型社会和建立全民终身教育体系的过程中，要关注公民责任意识教育，特别是农民工这一特殊群体的责任意识教育。农民工责任意识教育对于学习型社会的建设具有积极意义，其教育过程体现了公民终身都要进行学习的理念。农民工责任意识教育能对其责任建构产生积极影响。构建家庭、学校、社会和大众传媒四位一体的农民工责任意识教育网络，对培育农民工的责任意识具有重要影响。虽然家庭、学校、社会和大众传媒各自的分管部门不同，承担的责任意识教育的时段不同，责任教育内容也存在差异，但其教育目标具有一致性。

根据现代教育学的逻辑，进行责任意识教育最主要的场所是家庭。家庭环境的熏陶价值是不可估量的，父母及其周围人群的责任意识的强弱，对于子女品行的形成有着重大影响。在父母具有强烈责任意识的家庭中，孩子也会在潜移默化中受到责任意识的熏陶和感染。反之，如果父母或身边的亲戚朋友对他人、对社会不负责任，那么孩子也难以成长为具有高度责任感的公民。对于农民工而言，家庭教育也是增强其责任意识不可或缺的一种教育方式，特别是父母应以身作则，成为孩子的榜样。在学校教育中，教育者往往拥有更扎实的知识和丰富的教学经验，有助于增强农民工责任意识教育的系统性和科学性。农民工也是城市建设的重要力量，其责任意识的强弱关系到城市的发展。因此，包括职业技术学校、夜校等也应参与到农民工责任意识教育中。农民工责任素质的高低能够反映出一个社会的道德风尚与精神面貌。长期以来，农民工责任意识教育处于缺失状态，人们往往认为责任意识教育是家庭和学校的事情，而与社会无关。这是一种错误观点，它将社会教育与农民工责

任意识教育之间的关系割裂开来。农民工责任意识教育的重要职能之一是确定农民工在社会中所担负的角色，以及该角色所应承担的责任和义务。这种责任既包括农民工对社会发展的责任，也包括对他人、对集体、对组织的责任。只有把负责精神灌输到社会的每一个角落，定位在整体国家经济建设的大局中，才能使农民工产生强烈的荣誉感和责任感，才能使他们将自身与国家发展、社会进步联系起来。此外，大众传媒是农民工责任意识教育的重要渠道。目前，大众传媒已经从单纯依靠财政拨款生存的事业单位变成自负盈亏、自我发展的经济实体。它兼有政治属性和经济属性。大众传媒在追求经济效益的同时，也要承担起社会公共职能和社会责任，积极追求社会效益。社会效益是指大众传媒在实现其社会功能的过程中对社会稳定和发展所起的作用。在大众传媒发展过程中，暴力、色情、媚俗等内容大量涌现，各种不良信息对人们的思想观念和行为方式产生了深刻影响。对此，应从完善新闻立法和加强媒体自律两方面出发，净化信息环境，为农民工责任意识教育提供环境支持。同时，可在互联网平台设立针对农民工的教育栏目，结合一些典型案例，对农民工进行责任意识教育。

农民工责任意识教育是一个持续的过程，应针对农民工群体构建全方位、立体化的责任意识教育网络。从西方公民责任意识教育的实践经验来看，政府、家庭、学校和社区构成了一个网状的、立体的公民教育体系。针对农民工的责任意识教育应以家庭为起点，以学校为主要教育机构，以社区为开展教育的媒介和场域，政府是农民工责任意识教育的重要主体。在这样的农民工责任意识教育体系下，每个农民工被置于责任意识教育系统之中，有助于保持农民工责任意识教育的全面覆盖性和持续性。因此，在我国农民工责任意识教育实践中，要构建家庭、学校、社区和政府共同参与的教育网络，使各个部门充分发挥其责任意识教育的功能，让政府作为责任意识教育的引导者，积极发挥其主导作用，制定相关的政策、方针，调动各方力量，建立分工负责、齐抓共管的责任意识教育机制；家庭作为责任意识教育的起点，要对农民工责任意识的发展起推动作用；学校作为责任意识教育的重要阵地，要发挥其责任意识教育的主要功效；社会要为农民工责任意识的养成和实践提供场所；大众传媒要更好地发挥其传播媒介作用，倡导社会主义核心价值观，弘扬主旋律，以高品质的、具有健康格调和高尚品位的文化产品来满足农民工的精神文化需求。只有责任意识教育的各个部门多管齐下，农民工责任意识教育体系才会完善，才能真正发挥其各自功效，进而增强农民工责任意识教育的实效性。

三、为农民工责任意识教育提供法律保障

法治国家已经成为现代国家治理中主流的社会治理方式。近年来，我国的法治进程不断向前推进，已建立一系列法律法规。第一，宪法和法律是党的主张和人民意志的体现，是公民根本的行为准则。依法治国是党领导人民治理国家的基本方略，是我国建设社会主义法治国家的重要保障。第二，中国共产党是中国特色社会主义事业的领导核心，中国共产党科学执政、民主执政和依法执政的能力不断提升。中国共产党一直以来坚持遵循共产党执政规律，坚持和完善人民民主专政，领导立法，带头守法，保证执法，不断推进各项工作的法制化和规范化。第三，宪法是国家的根本大法，以宪法为统帅的，符合改革开放和现代化建设需要的、比较科学完备的中国特色社会主义法律体系基本形成。人权是一个国家公民享有的基本权利。生存权和发展权是首要的、基本的人权。国家在改善和发展人民生存权和发展权的同时，也要高度重视通过宪法和法律保障公民的基本权利和自由。第四，我国的社会主义市场经济体系不断健全，法治环境不断改善，法治理念不断更新。第

五，政府行政机关和司法机关及其工作人员严格执法，公正司法，依法行政，执法为民，严厉打击一切违法犯罪活动，依法执政和公正司法的水平不断提高。第六，我国已经依据宪法以及其他法律法规，初步建立起全面的、相互制约和相互协调的行政监督体系，促使监督合力与实效性明显增强。法治进程的加快对于包括农民工在内的公民责任意识的形成起到了积极推动作用。公民责任意识产生的前提在于法治保障下的公民主体意识的萌发，农民工作为社会的主体力量要成为社会生活、公共领域的积极参与者，无法脱离法律法规的支持和保障。农民工在社会生活的参与中，法律法规已成为其责任实践的依据和保障。

从法律层面上看，公民是根据我国宪法和法律规定享受权利和承担义务的人。公民的基本权利为选举权和被选举权。同时，公民依法享有参与国家政治生活，充分表达自己意愿的自由权和监督权。权利与义务、责任是不可分割的，公民在享受权利的同时也必须履行义务和承担责任。对于农民工而言，他们必须维护国家统一和民族团结，遵纪守法，自觉维护国家安全和国家利益，这是我国全体公民应履行的政治性义务。农民工既是权利主体，也是义务主体，他们享有权利，也需要履行义务，履行义务是享有权利的前提。农民工的责任意识必须坚持权利与义务相统一的原则。农民工在具备权利意识、享有各项权利的同时也要自觉履行义务，形成责任意识，承担起对自身、对他人、对集体和对国家的责任。

我国社会是社会主义法治社会，法治之国要求每个社会成员遵纪守法，依法办事，坚持权益保护与责任承担相统一。我国社会主义市场经济是法律保障下的经济体制。农民工既要依法行使自己在政治、经济、文化、社会生活等各个方面的权利，也要履行自己应尽的义务，承担自己的社会责任。法律制度的完善对于市场主体的行为起到规范与调整作用，也对农民工的责任承担产生了约束力量。农民工责任意识的形成和责任行为的产生，离不开法律法规的保障。因此，在我国发展过程中，要不断完善法律法规，对公民的权利与义务作出更加明确的规定，促使农民工树立责任意识，使他们在法律允许的范围内享受权利、承担责任。

第五章　心理素质教育

农民是新农村建设的主体，新农村需要新型农民。新型农民心理出现问题，必然会威胁新农村建设。中国广大农民原本都有着积极的心理状态、美好的愿望，他们吃苦耐劳，遵纪守法，积极进取；然而，随着社会经济的发展，巨大的生活压力和精神生活的严重缺失，都致使农民心理存在诸多问题。

第一节　生命意识

随着社会经济的发展，社会各方面的压力随之而来。当人们很难以理性的态度对待生命时，悲剧性的事情就会一幕幕发生。据中国青年报披露：中国每年约有 28.7 万人自杀死亡，另有 200 万人自杀未遂。其中，农村自杀率是城市的 3 倍，而农民约占了其中的 80%。服农药是农民主要的自杀方式，全国农村每年有 15 万人服用农药自杀死亡，50 万人服用农药自杀未遂。关注农民、关注农民的生命安全就成为新农村建设中重要的内容之一。

一、生命意识教育的含义

生命教育是一种整合性教育，自从 1968 年美国学者杰·唐纳·华特士首次提出了"生命教育"的概念以来，他所倡导的生命教育理念一直受到人们的高度重视，因为教育根植于生命，才能体现出对生命及其生命价值的敬重。而所谓生命意识教育，主要是指人对自身以及自身之外的所有生命的尊重与关注。生命意识教育是教育哲学层次上的教育概念，是价值论意义上的范畴。生命意识教育不仅体现了人对生命的尊重与关注，还包括人对自己生存能力的培养和对生命价值的提升。在新农村建设中，加强农民的生命意识就是使农民在获得更好的发展之外，进一步提升对生命存在价值的理解，而不是仅仅沦为只会赚取金钱、获得财富、享受物质的"生物机器"，因为生命被赋予价值和意义，才是完整的生命。然而，纵观新农村建设中的教育体系，人们发现一个非常大的缺陷，那就是：有关于人如何生活的教育，有如何才能生活得更好的教育，而生命意识教育则明显缺位，这使农民对生死问题认识不清，并导致了严重的"生命困顿"问题。

二、生命意识教育的必要性

对待生命的态度，是评判正义与邪恶、高尚与拙劣、文明与野蛮的标尺。任何对于生命的戕害、摧残、虐待、轻贱，甚至毁灭和虐杀，都是需要人类自觉摒弃并逐步禁绝的。因为对生命的珍视直接表现为对生命根基的珍视，即：既有着转识成智、学达天性的睿智，又有着悲天悯人、民胞物与的情怀。一个人不管从事什么职业，不管身份的高低与否，他首先必须是一个生活者，其次才是一个劳动者、思想者，一个技术人员、一个专家或者其他身份。一个人只有能快乐而有尊严地生活着，才能扮演好自己的社会角色，进而扮演好其他的社会角色。从"以人为本"的观念来讲，生命教育是十分迫切的。新农村建设中，新型农民是建设的主体，如何让这一庞大的群体以主人翁的姿态参与到新农村建设中来，就成为农民生命意识教育的一项重要内容。

三、农民漠视生命的原因

农民是新农村建设的中坚力量，是中国公民中人数最为庞大的群体。然而，在近些年关于农民问题的研究中，相当一部分人对其自身的生命及他人的生命持漠视的态度。是什么原因使他们那么轻易地结束自己或他人宝贵的生命呢？除精神疾病外，几乎所有的自杀都源于心态的严重失衡或对生活的极端绝望。随着社会的日益发展，人们普遍地接受了一种线性的进步观，相信未来肯定比现在更好，明天也肯定比今天更好。这种对未来生活期望值的不断提高就使得农民内心深处焕发出对将来美好生活的企盼，甚至焕发出他们创业的激情与热情。然而，当残酷的现实撕毁了"平等"的幻象，农民陷入普遍的贫困似乎成为时代的必然，乃至匮乏者愈加匮乏、富有者愈加富有的"马太效应"开始发生作用。一种差距急剧拉大的相对匮乏感尖锐地引起农民心理的焦灼，而过去的"主人翁精神"也逐渐失去安慰人心的力量，这样贫富差距的鲜明对比不仅使人感到难堪，更使人无力去接受。

在陆学艺先生主编的《当代中国社会研究报告》中，农业劳动者在阶层排序中名列第九，他们拥有的组织资源较少，且所拥有的经济资源和文化资源往往也低于其他阶层，所以在整个社会阶层结构中处于社会的底层。应当承认，农民的自杀并不都是由社会直接造成的，但是农民选择自杀，无疑折射出农民阶层的艰难处境。西方哲学家斯宾诺莎在他的重要哲学著作《伦理学》中说过：一个自由的人绝少想到死，他的智慧，不是对如何死的默念，而是对如何生的沉思。但是现实情况是，在广大农村，农民种田效益非常低，他们没有医疗和失业保险，农村的文化教育和医疗卫生水平也不可与城市同日而语。有些乡村，基层干部作风粗暴，干部与群众之间矛盾突出。由于民主意识欠缺，农民为乡村社会管理支付的成本又过高。农民对土地怀着深厚的眷恋之情，不愿背井离乡，但现实生活的压力又激发他们去城市追寻发家致富的梦想。然而，到城里打工，他们却往往受到各种歧视，因此一种相对剥夺感油然而生，这也往往导致个体心理的畸形和人格的分裂。当这些生存压力（不仅包括物质上的，也包括思想、感情和精神上的）和心理负担不能得到有效排解时，农民就会以非常规的方式寻求问题的解决，而悲观自杀或伤害他人就成为常出现的现象。谁都明白，爱惜生命是人生在世最起码的选择，然而，当农民阶层中的大多数人感到压力沉重时，彻底失去信心的农民选择自杀就不是令人费解的事情。要降低农民的高自杀率，当务之急是从制度设计上给农民松绑，下决心取消对农民的歧视性待遇，把他们与其他公民平等对待。让越来越多的农民进入中间阶层，加快社会阶层从金字塔型向橄榄型转化。

四、农民生命意识教育的内容

加强对农民的教育就是要引导农民感受生命、体验生命、提升生命，丰富生命的内涵和意蕴，从而懂得珍惜生命，保护生命。

（一）树立生命至上的理念

将生命至上的理念与农民对生命的"真谛"的认识联系在一起。作为个人具体的生命，中国古代大哲学家荀子认为人"最为天下贵"。《孝经》中也强调身体发肤受之于父母，任何人不能轻易作践自己的肉身。《中庸》把人的位置上升到"可以与天地参"的地位。董仲舒还认为"天地人，万物之本也"，"生"为天地之大德，作为自然界之"精华"，是为"超然异于群生"，享受着与自然界一切动植物不同的文明生活。因此，对于天地间最为精华的生命、最为宝贵的生命，有什么理由不去珍惜和守护呢？而生命正是在未完成的过程中，才获得了存在的价值与意义。农民只有树立生命至上的理念，才能在心中设置一道"内心的防线"，才能守护住生命的尊严，才能更好地珍爱生命。

（二）培养仁爱敬畏的情怀

人的生命是自然生命和价值生命的统一体，人的生命也是自然界的一部分。因为生命对于任何人来说也仅有一次，每一个人都要珍惜来之不易的自然生命，从而为敬畏生命、珍惜生命奠定良好的基础。除此之外，也应培养仁爱情怀，不管是对人类，还是对地球上的其他生灵都应时刻心存敬畏。人类的"仁爱"情怀不仅是道德教育的目标，它同样体现了对任何生命的一种"特殊关怀"，一种敬重之意，其目的就是使生命焕发出光彩。一个有思想的人不一定是有境界的人，而一个有境界的人一定是一个有道德的人。这个道德不是外来要求，而是内在的"德福统一"。从个人道德成长的角度来说，它已经是生命成长中不可缺少的一个组成部分。然而，近些年来，时常有网络、报刊等相关媒体爆出人类虐待动物事件。这些事件中动物的生命成为人类任意肆虐的对象，残忍的一面使人性中美好的仁爱之情失去光彩。只有热爱每一个生命，不存在世俗的轻重和功利的高低，真正再现权利的平等，动物之于人是警惕与敬畏，宠物之于人是信任和依赖，这样，作为动物灵长的人类才能始终成为施爱与被爱的对象。

（三）创造丰富多彩的生活

生命意识教育不能简单采用说教式的教育方式，要通过切实有效的方式不断创新生活的内容。在新农村建设中，要通过丰富多彩的文化活动活跃人们的生活，同时开展有关生命知识讲座、图书阅读活动等向农民传递全面系统且实用的生命知识，进而使他们将认识生命、保护生命、敬畏生命的理念深入内心。另外，创新农民生命教育的形式，还应将法的观念融入农民的生命教育中，这样才能使农民真正明白保护自身生命及他人安全的重要性，从法律的角度认知危害他人生命的严重性。

（四）提高理性认识生命的能力

由于我国正处于社会转型加速期，社会架构、社会运行机制、社会价值观念都发生着全方位转换，再加上文化交流日渐频繁，传播媒体日益多样化等，农民开始更加"现实"，物质至上、享受人生、拜金主义和极端利己主义思想不断冲击着人们正常的生活准则和道德规范，这就使农民的责任意识不断被消解，由此导致对自身生命存在价值的怀疑与贬值。在此情形下，培养农民理性认识生命的思维能力，帮助他们理性地去审视、取舍和评价环绕在他们周围形象色色的生命观，使他们对生命的理解上升到伦理道德价值的高度，从而塑造完善的人格和健康的心态。

总之，新农村建设中加强对农民的生命意识教育，提升农民的生命质量，激发农民对生命的热情，这些对新型农民投身于新农村建设具有极其重大的价值与意义。

第二节　心理健康

随着新农村建设在农村的开展，农民的政治、文化、日常生活水平都有了很大的提高。尽管国家出台的相关政策促进了农村的发展，但是这些政策中对农民心理健康关注则比较少，越来越普遍并日趋严重的农民心理问题则成为建设社会主义新农村的重要障碍。

一、农民心理健康的含义

农民心理健康是指农民个体内部心理过程和谐一致，与外部环境适应良好的稳定的心理状态。其标志是认知功能正常、情绪积极稳定、自我评价恰当、人际交往和谐、环境适应良好。农民心理健康对生理健康有直接的影响。心理健康和生理健康密切相连，生理健康是心理健康的基础，而心理健康是生理健康的条件。在许多人看来，农村生产"脸朝黄土背朝天"，农民生活方式粗放、简单，没有城市白领的钩心斗角，也没有官场失意的抑郁，心理疾病不会找上他们的。实际上，农民心理健康问题已经对其生理健康造成了直接的影响。许多农民因精神上缺乏与外界的沟通和交流，他们不同程度地面临着苦闷和压抑，一些农民因此悲剧性地结束了自己的生命。由此可见，农民的心理健康问题已经成为一个关系社会发展和农民个人生活幸福的问题，加强农民的心理健康教育尤为重要。

二、加强农民心理健康教育的意义

现阶段，农村的生产生活已与计划经济条件下的农村社会大不相同，与过去几千年间的原始农业形态更是相去甚远。在新农村建设中，农民心理健康教育是培育新型农民的一个重要问题，加强农民的心理健康教育具有重要的现实意义。

（一）农民心理健康是其适应社会的基本条件

当今世界，竞争日趋激烈，社会发展节奏很快，很多农民走出乡村，外出打工。外出打工的农民在开阔眼界、增长见识和接纳新事物的同时，也会因各自所从事的职业、自身活动空间与范围、生活方式、交往能力及经济行为而产生差异，这就必然导致农民工的分化及其价值观的多元化。当农民工讨薪的艰难与城市的繁华形成鲜明的对比，当感官的冲击难以战胜理智的控制，部分农民工不可避免地会产生一定程度的仇富心理，而这种心理压力与冲突的不断加剧必将对城市的稳定与安全构成威胁，成为和谐社会构建过程中一股破坏性的力量。所以，农民的心理健康是其适应社会的基本条件，只有适应社会才能在社会中求得更好地生存和发展，从而使自己融入社会，成为一个人格健全的社会人。

（二）农民心理健康是影响社会和谐的重要因素

良好的心理素质是人的全面素质中的重要组成部分，农民的心理状况通过其行为直接反映出来，同时，这也是农民对社会生活的反应。随着市场经济的发展，大量农村劳动力从土地中分离出来,大批农民涌入城市,而当他们在城市面临求职和就业等压力问题时,农民心理的失衡就会时常发生。据一项对农民社会地位的调查显示:有10.5%的人"满意",有47.5%的人"基本不满意",有42%的人"不满意",这说明有相当一部分农民对自己现有的社会地位满意度不高。而当农民对其社会地位感到不满意时,无疑会加剧农民的心理焦虑,进而导致农民的心理失衡,从而对社会管理活动会造成一定的冲击,影响到社会的稳定与安宁。从社会心理学角度来看,心理焦虑是一种广泛的心神不安和精神不定,是一种弥漫于社会不同阶层的焦虑,它难以轻易消退,若不能通过心理的调适加以化解,结果往往酿成不可挽回的悲剧——或者是个人的自戕;或者是向社会和他人施以暴力。所以,农民心理健康是社会和谐的内核和关键所在。只有心理健康,才会支配和引领人们朝着和谐的方向前进,才能正确地认识自我,增强自我调控的能力。

(三)农民心理健康是建设新农村的基础和前提

社会主义新农村建设的基础和前提离不开广大新型农民的心理和谐,这是使新农村产生和谐环境的基础。首先,农民心理的和谐会促使其行为的和谐。广大农民心理和谐,他们就能承受挫折,适应环境,就会从内心支持和赞同新农村建设,并以饱满的热情投入到新农村建设之中。反之,农民心理不和谐,思想和行为就会偏离正常的轨道,这种不和谐所导致的结果不仅会影响他们自身的幸福,而且会波及家庭和社会,成为新农村建设的潜在威胁。其次,农民心理是和谐农村创造活力的源泉。目前,中国最大的问题是农民问题,社会要和谐,农村是关键。然而,农村中普遍存在的农民社会保障、土地流转、乱收费和拆迁等问题成为我国农村经济快速发展的阻碍因素,这些问题的存在一定程度上造成了农民的心理问题。在新农村建设中,只有这些问题得到合理妥善的解决,才能最大程度地激发农民的积极性,从而为新农村建设贡献最大的力量。

三、新农村建设中加强农民心理健康教育的途径

根据新农村建设的实际以及农民心理状况的特点，加强农民心理健康教育以此服务于新农村建设的需要。心理健康教育强调的是运用心理学及其相关学科的理论和技术，帮助受教育者逐步达到心理状态的平衡并逐步提高受教育者的心理素质。它更加强调对个体的教育要从个性特点出发，提高个体调节自我行为的能力，增强个体的心理素质。

（一）大力推广与普及心理健康知识

一个人的心理健康状况与个人的知识积淀、社会阅历以及认知理解水平密切相关，而心理的自我调节是以心理健康知识为基础的。农民中许多心理危机的发生是由于认知障碍而产生的，农民知识的贫乏和视野的窄小极易导致其认知偏颇、情绪和行为极端。因此，心理保健知识的贫乏甚至空缺，是农民遭遇心理困扰或压力时心理负担加剧甚至恶化的重要原因之一。这就要求农村的思想政治工作者应掌握丰富的心理健康知识，在农民遇到心理困惑和精神压力时能有效引导农民解除思想的矛盾与迷惘，并使其学会运用心理健康知识分析和处理现实生活中的各种问题。

（二）创新心理健康教育的形式

比起城市，农村相对贫困落后，农民的文化素质偏低。随着农民心理问题现象的日趋严重，对农民进行一对一的心理健康教育变得困难。建设和谐社会主义新农村的伟大使命之一就是培养合格的新型农民，所以立足于农村建设的现有实际，采取切实有效的形式广泛开展农民心理健康教育尤为重要。然而，长期以来，对农民仅有的心理健康知识多停留于口授层面，可操作性不强。实际生活中，农民一旦面临突如其来的困扰，往往表现出无所适从、无以应对的困境，这就要求农民的心理健

康教育必须在形式上大做文章。比如，普及农民心理健康专题讲座，以喜闻乐见的方式开展一些文艺活动，创办农民心理健康夜校，开展心理健康咨询活动等。通过这些活动的开展，使农民正确对待心理方面出现的各种问题，并以正确的态度去处理和对待这些问题。总之，心理健康教育的开展能在一定程度上消除农民的烦恼，拓宽农民的知识视野，更重要的是，它提升了农民的心理素质，使其负能量能及时有效地化解，心理困惑得到及时地解决。

（三）给农民创造更多互相交往、接触的机会

农民心理问题的出现一般与生活单调、精神空虚有很大关系。目前，农村的生产方式主要还是以农业活动为主，由于农业活动的季节性很强，因此，农民的闲暇时间随着季节的变化而变化。由于农民的生活方式比较简单、枯燥，再加上农民的娱乐休闲活动又少，农闲时农民的寂寞、无聊、空虚之感就会油然而生。心理学研究表明：无聊、空虚等消极状态持续时间的延长，轻则扰乱机体内部的平衡，重则引发内心的冲突或矛盾，继而以各种各样的极端情绪和异常行为表现出来。因此，在农村开展丰富多彩的业余生活，给农民创造更多相互交往和接触的机会就显得尤为重要。在农民相互交往和接触的过程中，彼此之间的平等对话是他们产生信任感的前提。而当他们掌握了人际关系的知识和技巧，他们获得了友谊，减少了孤独感，就能够促使他们形成健康的人格，获得全面的发展。

总之，在新农村建设中，农民作为构建和谐社会主义新农村的重要力量，他们的心理健康与否关系到新农村建设的成效问题。因此，加强农民心理健康教育，不仅体现了现代思想政治教育爱护人、关心人、尊重人和发展人的人文关怀精神，更为重要的是，通过开展农民心理健康教育，培养了农民的健康心理，使其具有科学坚定的信念、顽强的意识，具有承受挫折的能力，从而能够更好地发挥自身潜能，推进新农村建设的发展。

第六章　政治素质教育

第一节　政治素质、政治文明及与法治的关系

政治这个概念属于一个元概念，不同阶级与历史时代的政治家与学者都赋予其不同的含义。中国先秦诸子就使用过"政治"一词，《尚书·毕命》有"道洽政治，泽润生民"；《周礼·地官·遂人》有"掌其政治禁令"。但在更多的情况下是将"政"与"治"分开使用。"政"主要指国家的权力、制度、秩序和法令；"治"则主要指管理人民和教化人民，也指实现安定的状态等。近代孙中山先生也曾阐述过政治的概念。无产阶级革命导师马克思、恩格斯与列宁也曾经对政治概念进行过阐释。他们认为，政治是阶级斗争，故而提出一切斗争都是政治斗争；政治的基础是经济，经济基础的变化最终会引起政治的发展；政治就是参与国家事务，在参与中实现本阶级的政治与经济诉求。中国学者对"政治"的定义也进行了广泛探讨，有人认为政治是各阶级为维护和发展本阶级利益而处理本阶级内部以及与其他阶级、民族、国家的关系所采取的直接的策略、手段和组织形式；还有人认为政治是阶级社会的产物，是阶级社会的上层建筑，集中表现为统治阶级和被统治阶级之间权力斗争、统治阶级内部的权力分配和使用等。我国当代学者对政治概念的阐述主要还是基于对马克思主义政治观的认同，在新的历史时期进行的再阐释，阶级、经济与权力还是阐释的关键词。

近年来，美国政治学者戴维·艾普特提出"现代化政治"

的概念，意指一个国家为了适应推进现代化的需要而采取的政治路线，包括可见的制度安排以及这些制度安排背后隐含的政治理念和思维方式。现代化政治也就是我们在现代化研究中的政治现代化。冯仕政先生探讨了中国的现代化进程与政治、法治的关系。他认为，现代化建设代表着人民群众最大的利益和最根本的利益，因而也是当前我们最大的政治。

　　人是政治的主体，那么人所具有的政治素质又是什么呢？一般来讲，政治素质是指人们作为一个政治角色对自己所承担的政治义务和所享受的政治权利的理解、把握、反映和见诸行动等情况的总和，是人在政治生活中培养出来和必须具备的个体特质。

　　政治文明，是指人类社会政治生活的进步状态和政治发展取得的成果，主要包括政治制度和政治观念两个层面的内容。政治文明既是一种最终的状态，也是一个达成这种状态的过程。因此，政治文明既是人类社会政治发展与演化过程中取得的全部成果，又是人类政治进化发展的具体进程。当然，政治文明也是一个随历史发展的概念，不同历史时期具有不同的表征与特点。但总体来看，政治文明具有自身的价值指向，那就是通过正确的政策设计使人们美好的政治构想变为现实，并且充分享受到这种实现了的政治文明。政治文明的最终结果就是使人类社会从暴力、无序走向开明、和谐，具体来看就是从权力政治与垂直政治走向权利政治与平面政治。近代以来，人类政治生活的进步状态主要表现为民主建设、法治建设不断完善和进步的过程。

　　人们经常把法治与政治相提并论，是因为法治与国家的政治文明之间有着密切的关系，法治是政治文明的核心内容。法治是"法律的统治而非人的统治"的治国方略，还是"一种应当通过国家宪政安排使之得以实现的政治理想"，可见大凡谈到法治，如果人们只在法律或者是政治领域内探寻其内涵，那将是徒劳的。法治既是实现政治文明的重要途径，也是政治文明的主要体现。法律是国家制定和认可的行为规范，用以确认权利和义务与调整社会关系，是由国家强制力来保障实施的，具有明示、矫正及预防的作用，其目的就是使社会有序发展，最终体现为社会政治文明的进步。因此，法律是防止不文明政治行为、形成文明政治行为的根本保障。法治与政治文明是一种互为表里的关系。

社会的健康发展必须是物质文明、精神文明与政治文明协调有序发展，在短期内，三者之间不协调发展的现象可能会较多地存在，对社会的不良影响也未必立即显现，但是如果三者长期处于发展不协调状态，社会发展必定会出现无序动荡。物质文明、精神文明与政治文明三者中，后者不仅具有自身的发展范畴，还是前两个文明发展的重要保障。当今社会的政治文明就是要建设法治国家，通过法治建设推动政治文明的更大发展，可见政治文明是法治建设的精髓与灵魂，也是法治国家发展的政治目标。在此基础上，法治与政治文明之间的关系主要体现在以下几个方面。

按照马克思对于政治文明的理解，可以从三个维度来考察政治文明的深层次内涵，分别是：政治意识文明、政治制度文明与政治行为文明，这种理解具有其内在的合理性与逻辑性，政治意识文明是政治文明的精神支柱，政治制度文明是政治文明的规范要求，政治行为文明是政治文明的外在表现。

首先，政治意识文明蕴含了法治的价值。政治意识包括政治意识形态、政治心理、政治思想和政治道德等。政治意识文明就是上述政治意识不同层面的进步状态，具体体现为社会的公平正义、公民的合法权利得到切实保障，崇尚民主和法治，规范和限制国家权力，树立宪法至上、法律权威的意识，使法治意识成为指导人们社会行为的主流意识。

其次，政治制度文明是法治的根本。政治制度是指在特定社会中，统治阶级通过组织政权以实现其政治统治的原则和方式的总和，是政治实体遵行的各类准则或规范。政治制度在于维护特定社会中的公共安全与秩序及协调利益分配。在政治文明建设中，制度文明起着根本性的作用，具有核心的地位。政治制度文明的内涵具体体现在宪法、组织法及行政法等法律规范中。人民主权原则、权力分立原则、权力制约原则、保护人权原则等都被宪法所确认，具有崇高的法律地位和效力。

最后，政治行为文明实践着法治的理想。政治行为指人们在特定利益基础上，围绕着政治权力的获得和运用、政治权利的获得和实现而展开的活动。政治行为是一个历史性的概念，是随着阶级现象的出现而产生的，是人作为一个政治人与周围政治环境相互作用的结果。政治行为具有阶级性与法律性两大根本属性。政治行为的运行必须依照法律程序与法治秩序来保证。政治行为的有序性与法治秩序具有价值重合性。法律产生于人类行为对于秩序性的追求，政治行为的有序性提出了对法治发展更深层次的要求。法治的外在功能就是为了促使社会制度、结构与关系达到和谐统一、界限明晰、稳定连续的状态，防止人治下因朝令夕改、权大于法而带来的混乱与无序，法治是秩序的象征。

可见，政治文明与法治密切相关，政治文明的价值内涵和基本原则实质上就是法治的内核和精髓。因此，农民社会的和谐发展必须将法治教育与农村的政治文明建设结合起来，农村政治文明才能够深入发展。

第二节　农村培养现代政治意识的重要意义

随着传统社会向现代社会的转换，经济基础与物质形态都发生了很大改变，这势必影响上层建筑的变化。当前发生在中国的这场变革，是一次影响深入的多领域革命。我国社会经济的巨大发展已经彻底摧毁了传统的经济模式，这场影响广泛的变革也对政治文明提出更高的要求。政治文明的进步首先体现在现代政治意识的提高，对于中国这样的发展中国家来说，使数亿农民转变传统的、盲从的、封闭的政治意识观念，树立起现代的、理性的、开放的政治意识，将是一项长期而艰巨的任务，这是时代发展的必然要求。

一、培养农民的现代政治意识是建设社会主义民主政治的必然要求

建设新型的社会主义民主政治是我国改革开放和现代化建设的一项重要任务。社会的发展进步涉及两个维度：经济的与政治的，前者涉及经济基础，后者则涉及上层建筑。改革开放以来，我国经济获得飞速发展，取得了举世瞩目的成就。经济的巨大发展也必然对政治文明提出更高的要求。上层建筑只有更好地适应经济基础的发展要求，才能够更好地解放生产力，推动社会政治经济的综合协调发展。

培养现代政治意识是建设社会主义民主政治的必然要求。建设社会主义民主政治的实质，就是要使人民群众能够积极充分地参与到社会政治经济发展中来，就是要将人民群众当家做主的权利落到实处，保证群众有公平均等的机会参与国家的发展，充分调动他们建设国家的积极性、主动性和创造性。发展社会主义民主政治是党始终不渝的奋斗目标，但是这又是一项极其艰巨的社会工程，需要调动整个社会的力量来共同推进该项工作的进行，它需要广大人民群众尤其是占中国人口主体的数亿农民大众的积极配合、支持与参与，占我国人口多数的农民群众是发展社会主义民主政治的主体。这就要求广大农民群众必须改变陈旧的政治价值观念、政治认知、政治情感和政治态度，树立起现代政治意识，积极参与到社会主义民主政治建设中来。只有这样，中国的民主政治建设才能拥有合格的实践

主体，广大人民群众才能真正发挥自己当家做主的作用，中国才能构建起一种健全的新型政治文化，中国的政治体制改革和民主政治建设才能获得最终成功，从而大大推动农村社会经济的更大进步。事实证明，只有政治进步与经济发展共同协调发展，国家才能繁荣昌盛。

二、培养农民的现代政治意识是建设农村社会主义精神文明与物质文明的关键

辩证唯物论认为，精神既能够反映物质，又能够反作用于物质。物质文明与精神文明建设也处于一种相辅相成、相互促进的动态系统之中，物质文明的发展为精神文明的进步提供物质支持与现实支撑，而精神文明的发展则为物质文明的发展提供了源源不断的精神动力，使物质文明的发展更具方向性与持续性。

我国在大力发展生产力，建设社会主义物质文明的同时，还必须注意社会主义精神文明的建设，只有有效推动社会主义精神文明建设，才能形成良好的社会秩序与稳定有序的社会环境，社会整体才能获得大的发展。农村地区是我国推进社会主义精神文明建设的重点，农民占我国人口的大多数，只有农村地区的精神文明建设搞好了，才能从根本上带动我国社会的整体进步。

在农村精神文明的建设过程中，使广大农民树立起现代政治意识，始终是其中最关键的环节。只有广大农民树立起现代政治意识，自觉地担当起主人翁的社会角色，坚定地走社会主义道路，认真履行对国家和集体应尽的义务，依法办事、维护社会稳定，努力地投身于农村现代化建设，农村的精神文明建设才能获得成功，农村的社会秩序才能在根本上得以好转，社会风气才能得以健康向上地发展。申延平同志认为中国农村政治的发展依赖于中国农村社会市场经济的不断完善与发展。因

此，中国农民政治意识的提高不是一项单独的行动，而是依赖于农村物质文明的发展。

三、广大农民树立现代政治意识是提高农民政治素质的中心环节

在长期的封建社会历史上，广大农民处于社会最底层，被排斥在国家政治生活之外，在现实的政治经济结构下，他们的政治意识主要表现为一种"臣民"意识，胆小怕事、逆来顺受、唯命是从，缺乏现代公民社会所必需的"主体"意识，他们大都缺乏维护自身权利的意识与能力。新中国成立后，农民成为国家的主人，享有广泛的社会政治权利，但是由于多种历史因素的影响，广大农民缺乏应有的现代政治观念，还不能自发地行使当家做主的权利。没有现代政治意识就更无从谈起主动维护自身的政治权利，只有意识到自身的政治权利存在，才能够有意识地成为一个现代"政治人"。因此，要提高农民的政治素质，必须使农民真正树立起现代政治意识，明确自身的政治权利，关注自己的利益诉求，使他们成为独立自主的、具有独立判断能力和现代法律观念的人，使他们成为独立自主支配和抉择自身命运的、富于政治热情的现代公民。

农民要树立起现代政治意识，还有很多工作要做，周韬先生认为应该首先做好以下几个方面的工作。首先，对农民进行民主启蒙，提高农民的参政素质；其次，要加强农村思想政治工作，提高农民的思想道德素质；再次，加强农村普法工作和社会治安工作，增强农民的法制观念；最后，加强农村基层民主政治建设，搞好村民自治工作。可见，提高农民的政治意识，不仅要提高农民的政治觉悟，还要努力做好农村的法治工作。法治成为农民现代政治意识的主要内容与实现途径。

第三节 提高农民政治素质的途径

提高农民的现代政治素质涉及多项内容，主要包括提高农民的社会主义、集体主义、爱国主义意识；政治主体意识和政治参与意识；改革、开放、发展意识；民主意识、平等意识和公民意识；人权意识与法律意识，其中最为关键的就是要提高农民的现代政治意识。要使农民树立起现代政治意识，必须进行多方面的努力，要做到以下四点。

（1）加强社会主义民主教育，提高农民的参政意识与参政素质。毛泽东指出："我们的民主不是资产阶级的民主，而是人民民主，这就是无产阶级领导的、以工农联盟为基础的人民民主专政。"社会主义民主是在无产阶级领导人民群众推翻了剥削阶级的统治，建立了无产阶级专政后实现的。我国宪法保障人民享有当家做主的权利，同时国家也为社会主义民主的实现提供经济基础，这就是生产资料的社会主义公有制。社会主义民主是一个循序渐进的过程，涉及政治生活、经济生活、文化生活和社会生活的各个方面。农村社会的全面发展必须努力推进社会主义民主建设。发展社会主义民主是农村社会物质文明与精神文明建设的最根本保障，离开社会主义民主建设，农村社会的发展将失去方向与动力。农村进行社会主义民主教育离不开法制教育，要实现社会主义民主的制度化与法律化。社会主义民主政治是社会主义民主建设的重要内容，建设社会主义政治首先要提高农民的民主意识与参政意识，进而提高他们的参政素质。对于中国国民来说，民主是一件舶来品，五四运动至今，中国国民为享有真正民主付出了巨大代价，历史证明只有中国共产党才能领导人民实现真正民主。战争年代，广大中国老百姓为中国革命的成功付出了巨大牺牲，新中国成立以后，中国共产党把建设社会主义民主作为重要任务，其中社会主义民主政治的建设取得了瞩目成绩。尤其是改革开放以后，我国的社会主义民主政治得到切实发展，实践证明，在农村实行社会主义民主政治不仅是我国社会民主发展的必然要求，还是我国农村社会全面发展的必然选择。

成熟的社会需要成熟的公民，农村社会的良性健康发展离不开具有现代民主参政意识的农民的广泛参与。由于受封建传统思想观念影响，一些百姓认为政治那是君君臣臣的事，老百姓参与什么政治，弄不好是要遭祸害的。改革开放以来，农民的生产相对独立，能够支配自己的生产经营活动，因此，他们都忙于现实中的生产活动，不愿意拿出更多时间参与那些对自己没有直接影响的社区政治活动。一些地区出现了村霸、村痞通过非正常手段当选村领导后，打压异己，中饱私囊，甚至搞家族式统治，这样让村民厌恶政治，使百姓熄灭了参与社区政治活动的热情。此外，中国农民习惯在权威庇佑下生活，独立意识较差，不太乐意抛头露面，对那些"敢为天下先"的社区精英人士，也往往嗤之以"出风头"。中国农村推行民主政治就是在这样的历史与现实环境下艰难前行的，在这样的历史文化环境及制度等因素的综合影响下，我国农村的民主政治发展势必不是完善与成熟的。诸如，一些地区虽积极参与社区政治事务，却并非出于对现代民主政治的信仰与尊重，而是具有十足的功利目的，有的是出于一定的物质诱惑性而参与选举，还有的则是为了寻求个人利益最大化而参加选举，当这两种目的达成妥协时，往往就产生了贿选。这种不健康的民主实践极大地伤害了群众的政治热情，滥用了群众的政治信念。因此，在现阶段只有切实落实科学发展观，破除传统思想的束缚，深化社会主义民主政治教育，健全社会主义民主实践的相关制度，引导农民积极参与社区政治实践活动，才能从根本上提高农村居民的政治素质。

（2）加强农村政权建设与思想政治工作，提高农民的政治素质，塑造新时期的"政治人"。建设社会主义民主政治需要党的坚强领导与人民的广泛参与才能顺利完成。千百年来，统治阶级对农村地区的管理相对薄弱，政权建设相对滞后。新中国成立以后，在中国共产党的坚强领导下，农村地区相继建立起了基层的党政机构，将农村地区纳入全国政权的统一治理体系中来，这种变化具有深刻的历史意义。自此，农民的日常活动不再是为自己讨生活，而是与国家的发展紧密地联系起来。尽管建立了不同以往的政权制度，然而，由于受到传统落后思想观念的影响，我国的政权建设在有些方面还需要进一步改进。要选拔那些政治素质过硬的优秀人才充实基层党政机构，通过他们的实际工作树立党的光辉形象，吸引更多的优秀人才团结到党的周围，使党这个最具战斗力的政治组织在农村地区焕发熠熠光彩，以保证农村发展的正确政治方向。选拔那些具有专业技术能力的人担任领导职务。他们利用一技之长为群众排忧解难，解决农业生产中的实际问题，为群众办实事、办真事。结合农村的实际情况，将对群众的思想政治工作在工作中落实、在生产中深化。思想政治工作要实现制度化、规范化，只有这样，提高农民的思想政治工作才能具有长久性。要对广大农民进行社会主义、爱国主义教育，引导他们学习邓小平理论及科学发展观等重要思想，使他们树立起新的世界观与人生观，把他们塑造成具有现代政治意识与思想政治觉悟的现代"政治人"，这势必大大推动农村各项事业的更大进步。

（3）加强农村基层民主建设，在实践过程中培养村民政治意识与政治觉悟。农村基层民主是适应我国新时期社会发展状况的一种新型乡村治理模式，是我国社会主义民主法制建设和政治体制改革的一项重要内容，也就是农村基层组织实行民主选举、民主决策、民主管理和民主监督及村务和政务公开，即"四个民主、两个公开"，是新时期农村经济体制改革推动的结果。农村基层民主的实质是以市场经济为基础，以整合新时期农村利益结构和权威结构为目标，按民主理念设计的具有现代意义的乡村民主制度。我国农村民主选举逐渐程序化、制度化，农民的政治参与意识增强，从实践情况来看，我国农村基层民主具有强大的生命力。

在新的历史时期，要切实推进我国农村地区的基层民主建设，既要注重实践，又要解决相关理论问题；既要注重宏观制度设计，又要考虑个体民主政治觉悟的提高。潘孝斌同志认为，要使农村基层民主能够获得更充分的发展，还应该做好以下六个方面的工作。一是进一步健全有关农村基层民主的相关法律制度和政策保障，加强中央对立法选举的指导，增强选举过程的可操作性，使法律、法规、政策融于一体。二是进一步推动全面直选方式，扩大农村直选范围，增强共同体的归属感和认同感。三是全面把握乡村关系，明确村委会和村党支部的工作要求，妥善解决乡村问题。四是继续开拓多种适合我国社会主义国情的农村基层民主实现形式，进一步创新和改造基层政权体制。五是进一步推动协商民主的发展，加强人民群众与基层政权对基层决策的合作协商，建立村务公开制度，保证民主监督。六是注重农民对民主自主意识的培养，加强村委会建设和干部民主政治素质的培养。

通过深入、切实、有效的农村基层民主建设，农民群众在民主政治的实践过程中既提高了自身的政治觉悟，又塑造了农村良好的政治氛围，使他们真真切切感受到了社会主义民主政治的巨大魅力，增强了他们践行社会主义民主政治的信念。

（4）增强农民的法制观念，在农村法治实践中提高农民的政治素质。政治与法律的界限是相对的，它们之间相互渗透，政治中包含着法律，法律中又渗透着政治。法律既从属于政治，又有相对独立性，法律作为独立的社会体系对政治又能够发挥有效的作用。因此，在建设农村政治文明的过程中，既要注重法治建设，还要通过法治建设来培养农村的政治文明。

随着时代的变迁，我国农村社会发生了很大改变，传统的社会控制思想及形式由于不能很好地协调当前的社会关系逐渐式微。在农村地区，中华民族优秀传统文化由于受到全球化与市场经济的影响，也面临信仰危机。同时，农村居民的现代法律意识则比较淡薄，面临新的社会关系与利益诉求既不会采取传统方式去处理，又想不到求助于法律来解决，最终使自己蒙受损失。这样就连自己基本权益都不会保障的人，又怎能去参与建设社会主义民主政治呢？通过法治教育，提高法治观念，可以增强对社会主义民主政治的体验与情感。

法律是实现政治意志的重要途径与手段，对法律的信赖也就是对政治的信仰。当前农村地区各种利益诉求凸显，社会矛盾较多；黑、赌、毒现象也广泛存在，这些都需要运用法律来解决，最终形成良好的社会风气，这是法律的胜利，更是政治文明发展的成果。

第七章　民主法制意识教育

新农村建设是一项系统工程，各个方面既相互促进又相互制约，培养农民民主法制意识对新农村建设是一个有力的支持。大力开展农民的民主法制教育，不仅是发展农村经济、推进农村各项事业改革的客观需要，同时也是保证新农村基层民主法治建设的基础。

第一节　民主意识

社会主义新农村建设的一项重要任务就是实现"管理民主"，这是新农村建设的政治保证，同时也体现了党和国家对农民群众参与各项事务管理的重视。要真正实现"管理民主"，最基础的工作也是首要的任务就是对农民进行民主意识教育。

所谓民主意识，主要是指公民为维护民主权利、保护合法利益而具有的自己当家做主，管理国家、集体和公共事务的思想观念。民主意识的有无以及强弱在很大程度上制约和决定着民主发展的实际水平。首先，培养农民民主意识是新农村建设的重要内容。社会主义新农村建设是涉及农村各个方面建设的一个系统工程，其中一个重要目标就是管理民主，即农民有平等地参与新农村建设的各项社会事务管理的权利。培养农民民主意识是社会主义民主政治建设的基础性工作，是社会主义新农村建设的重要内容。只有培养农民科学的民主意识，才能提高农民的综合素质，提高他们建设社会主义新农村的积极性，才能为新农村建设培养合格的人才。其次，培养农民民主意识是新农村建设的本质要求。建设社会主义新农村是新一代领导集体为解决农业、农村、农民问题，统筹城乡发展和全面建设小康社会而作出的重大战略举措，是全面贯彻科学发展观的必然要求。建设社会主义新农村的目的是改变落后的农村生产状况、提高人民的生活水平。社会主义新农村既是一种适应生产力发展的经济制度，又是一种人民群众当家做主的政治制度。我国大部分地区的农民参与社会管理事务的积极性不高，究其原因主要是缺乏民主意识。从新农村建设的本质要求来看，必须加强农民民主意识的培养，不断提高和完善农村基层民主政治，推动新农村建设快速、均衡地发展。最后，培养农民民主意识有利于发挥农民的主体性。所谓主体性是指主体在与客体的关系中所表现出来的自觉能动性。马克思主义认为：主体是在实践中认识世界、改造世界的人，人的能动性、创造性就是人的主体性，它是在实践中形成的。新农村是农民自己的家园，农民是新农村建设的主体。只有农民民主意识的提高，才能最大程度发挥农民建设新农村的积极性与创造性。新农村建设需要新型农民，新型农民是新农村建设的主体，新型农民不仅是具备一定的知识和技能的人，而且较高的民主意识也是新型农民所必须具备的特征之一。

因此，提高农民的民主意识，就要结合农村基层民主政治建设进行社会主义民主政治基本知识的普及教育。通过大力发展农村经济，发展农村的文化教育事业，完善农村的民主机制，使农民深刻地了解民主的内涵和进行民主参与的途径，进而有效表达自身的权益。具体来说有以下三个方面。

一、发展农村经济

在我国现阶段，发展经济仍然是各项工作得以顺利进行的前提。只有经济发展了，民主权利的表达才有保障。总体来说，民主是属于上层建筑的意识形态，作为一种上层建筑归根结底要由经济基础来决定。与其他行业相比，农村经济还比较薄弱，这就制约着农民民主意识的提高。美国学者李普塞特说过一个国家越富有，它准许民主的可能性就越多。由此可见，在坚定不移地发展农村经济的过程中，不断向农民普及民主管理的各项内容，以提高农民的民主意识也尤为重要。具体来说，一是大力发展农村市场经济。市场经济是社会主义初级阶段正确的经济制度，它的充分发育成熟有助于社会财富的增加。李普塞特在《政治人》中表明，财富的增加有助于教育水平的提高，进而有助于人们民主意识的提高，从这个意义上讲，市场经济是民主意识产生的催化剂和物质保障。然而，目前在多数农村地区，农村市场还是一块待发的处女地。即使有农村市场，其发育还很不成熟，市场环境还很差，农民的市场意识还很淡漠，这都制约着农村经济的腾飞。所以，新农村建设中，各级政府要更新观念，站在发展农村经济全局的高度，学习市场经济的相关知识，积极引导农民走市场化道路。二是继续加大国家财政投入，这是新农村建设的经济保障。推动新农村建设，其目标和意义就是推动农村社会的现代化，这一过程既需要农村自身的建设，同时更需要农村以外的力量，也就是来自公共财政的力量去支持和加大农村建设。由于我国大部分农村地区自然环境较差，基础设施落后，这就急需新农村建设硬件、软件的改善。三是建立和完善农村社会保障制度，以此来消除或降低农民的后顾之忧。自然风险和意外事故不可预知，而相对完善的农村社会保障体系就激发农民的创新热情，不至于使他们在自然灾害面前陷入生活的绝境。所以，在新农村建设中，建立健全农村土地耕地保护制度，完善农村宅基地制度，建立城乡统一的建设用地市场等对农民来讲尤为必要。

二、发展农村文化教育事业

掌握一定的科学文化知识是农民形成民主意识的必要条件。

　　然而，几千年形成的严格上下尊卑有序的封建等级制度在农村仍然还很有市场，特别是对边远、落后的农村地区。每一个人总是生活在特定的历史文化中，而特定的文化总会潜移默化地影响着人的思想与行为。尽管封建等级的残余思想已经不是社会的主流思想，但是农民思想深处强烈的隶属观念、等级意识依然残存，这就在某种程度上遏制了农民民主意识的萌芽。新农村建设中加强农民教育则是提高农民运用民主权利的能力和素质的根本手段，是民主意识产生的前提和基础。正如列宁所说："不识字就不能有政治，不识字就只能有流言蜚语、传闻偏见，而没有政治。"所以，一个不识字或识字很少的人，是很难参与到民主中来并且很难具有民主意识的。而提高农民民主意识必须大力发展农村文化教育，即文化知识教育、农业生产基本技术技能教育和公民意识教育。一是要完善农村义务教育经费的投入与保障，实现真正意义上的义务教育。通过多年的努力，义务教育对普及基础知识教育、改变农村教育落后的状况做出了积极的贡献。二是加大对农村文化基础设施的投入。近年来，在各地政府的支持下，农村的办学条件有所改善，县、乡镇、村文化设施和文化活动场所建设明显加快，有的地方也构建起了农村公共文化服务网络。三是加快发展农村职业技术教育。国际经验表明：技术进步、技能型人才的培养都与职业教育密切相关。我国人口基数较大，农民普遍接受义务教育的水平还很低，发展农村的职业教育，是提高农民素质，培养其具有科学精神、掌握先进生产技术，从而使农民摆脱生活困境的主要手段。四是把民主知识印刷成小册子向农民广为散发，充分利用广播、电视、网络对农民进行深入、持久的民主教育。除此之外，还要完善农民教育内容、创新农民教育手段和形式、营造与农村改革发展目标相适应的文化氛围，同时注重通过完善大学生村官选拔机制等措施，提高农村基层干部的整体素质和工作水平，为农民享有更多更切实的民主权利创造良好的外部环境。

三、完善农村的民主机制

党的十七大强调把村民自治"作为发展社会主义民主政治的基础性工程重点推进",并把其列入我国基本政治制度的内容之一。村民自治制度所肩负的历史使命要求我们把民主选举、民主决策、民主管理和民主监督作为一个整体工程,建构系统的制度机制,以体现人民当家做主。农民只有真正当家做主,才能享有更多更切实的民主权利,农民的意愿才能得到充分尊重,农民的合法权益才能得到相应保障。新农村建设中,农民民主意识的提高最直接的表现就是政治参与。公民享有充分的政治参与机会和相应的民主权利是现代政治文明的重要标志之一。一个国家公民的政治参与程度和水平越高,这个国家的民主程度和政治发展程度就越高。然而,目前农村仍有不少村干部并不是由村民直接选举产生,而是由乡干部直接任命,农民直接选举村干部的地方则往往是走过场,搞形式主义;村务决策和村务管理公开、透明度不高,甚至很多涉及村民自身利益的事情不是由村民进行投票表决拿出意见,而是由少数村干部主观断定,以自己的利益为转移;村民监督更是徒有形式,无从保障。显而易见,我国农民民主参与的程度还很低,这种民主机制的缺失不仅制约了农民民主意识的培养,而且也违背了党和国家建设社会主义新农村的目标。因此,只有完善和健全农村各项民主机制,才能培养农民更多的民主意识,进而顺利推进新农村建设的进程。

第二节 法制意识

法律是现代社会一切正常生活的基础。它包括人们对法的本质和作用的看法,对现行法律法规的理解、要求和态度,对法律权利和义务的看法以及对人们的行为是否合法的评价等。在中国社会逐渐走向法制化的今天，法制系统要求公民按照现代的法律观念以及法制原则去行动。然而在广大农村，很多农民的行为处事还仅仅依据传统办事，这不仅影响着农民的思维方式，更制约着农民选择的行为。主要表现在以下三个方面。

一、轻法惧诉，伦理情感思想至上

中国是一个有五千多年历史的文明古国，封建色彩的印记根深蒂固，带有浓厚封建色彩的"传统道德"在农村大有市场。封建礼教、宗族观念等依然是农民判断是非善恶的重要标准。由于传统道德和风俗习惯在农村已有几千年的历史，在表现形式上与农民的素质水平、农村的现实环境相符合，农民更愿意接受其约束，而不习惯于服从法律。尽管中国社会的变迁使农村的物质生活水平不断在提高，但是农村社会基本的生活方式和人际关系等结构性特征并没有发生根本的变化。在这一相对独立的社会单元里，仍存在着各具特色的互动方式、社会关系、价值观念和行为习惯，再加上农民世世代代生活在同一地域，地域上的接近更是拉近了人们之间的情感认同。特别是当出现邻里纠纷等事情时，能协调解决的话就最好不诉诸法律。在他们的潜意识里，传统的道德伦理观念似乎比法律更切合实际，信守传统道德的农民更愿意相信伦理常情，因此，他们多是以人论事，而不是就事论事。再加上目前有关农村的立法多是管理性的规定，而授权性的规定及切实保护农民利益的规定还不多，农民还难以从法律中直接看到自身的利益所在。农民是最讲实际的，法律未能实在地给农民以正面的感受，也就不易赢得农民的信任和拥戴，加之司法中的漏洞放大了法律的消极效应，引发了农民对法律的一些不正确看法，这也妨碍了农民法律意识的提高。由此可知，农民头脑中传统的法律意识仍然占据统治地位，权力、人情和民意超越法律之上，农民缺乏对现行法律的信仰。

二、法律认知较浅，人治思想严重

大多数农村地区，农民思想素质较低，因此，对法律的认知程度也较浅。多数农民在遇到纠纷时，很少采用法律的途径解决。这既有乡村社会的结构因素的影响，也有习俗和文化因素的作用，农民不了解也不愿意了解法律，他们依然信奉族外交涉、差序格局、爱有等差的农村社会处理问题的方式，农民一般不愿意正式法律介入他们的生活。尽管现代化和法制化在农村社会中的作用越来越明显，但农民依然与法律保持着较远的距离，在他们看来，法律很神圣，因此应该敬畏，而这种敬畏意识则源自他们对法律模糊的、抽象的认识。也就是说，法律与他们的生活相距甚远，或者高高在上，农民对法制系统采取的是敬而远之的态度。在某些情况下，农民对法律的理解可能与法律系统所期望的方式或格式化的方式不一致，甚至可能相冲突，这样也使农民不愿意去接受法律原则。正是如此，农民不关心法律在自己的实际生活中能起多大作用，而所谓的刑法、民法、行政法等法律法规好像区别不大。而对于他们的行为，也是一切从自身利益出发，丝毫不会介意自己行为的正当性与合法性，更不会在出现民事纠纷或者行政纠纷的时候去起诉或者应诉。正是由于法律认知较浅，农民在农业生产和经营中经常会有一些小偷小摸的行为，甚至为了一己之利，而置集体利益于脑后，时常有意或无意地违反环境法，随意乱砍滥伐、污染环境、破坏生态平衡等，这一系列的无知行为使农民赖以生存的生存资源遭到严重毁坏。然而，在农村，这些行为似乎司空见惯，即使有农民认为这是不道德的，但是却并没有人去制止，因为他们觉得这与自己无关，是他人的事情。之所以如此，笔者认为：农村的法律宣传尽管也做了某些工作，比如写在墙上的宣传标语本身就是对农民进行法律宣传的一种形式，而且这样的方式省时省力，也可以节省不少本已匮乏的地方财政。但是，这种方式的法律宣传未免简单、空洞，口号式的宣传效果微乎其微，农民对法律认知程度仍然低下，他们自身的权益不能得到较好的维护。比如，当有的农民确实因为夫妻感情的破裂需要离婚时，他们才可能会想起或者关注《婚姻法》中有哪些内容可以支持自己的离婚请求。据中国社会科学院"社会发展综合研究"课题组的调查显示：已经颁布的法律和法规真正在社会生活中发挥实际效用的占不到40%，而公民对法律的认知程度也才8%左右。人治观念又使许多农民不愿通过法律来解决问题，而往往采取"私了"或者其他简单甚至暴力的方式。其实，在广大中国农村并不是缺乏法律的支持，而是法律在基层没有起到"社会主导性规范"的作用，乡村存在大量的"私了"现象正是伦理主导型法律体系的结果，这是对国家正式法律的规避。另外，农村地区广大村干部对中国现行法律的理解也是支离破碎的，没有体系化。因此，在解决农民的问题时，依法解决情况较少，人治思想严重。

三、被动受法，缺乏维权意识

农村社会发展过程中，因房屋宅基地纠纷、家庭婚姻的破产、医疗纠纷、打架致伤等矛盾和纠纷越来越多，而农民对此问题的解决往往诉诸私力救济或行政救济，而不是请求司法救济。在他们看来，法律尽管就在身边，但不是随手可得的工具，不能随时给他们提供利益的保护。他们宁可忍气吞声、自认倒霉，也不愿意主动去研究国家新颁布的与其利益相关的法律，因为他们最了解自身的处境，在这种无奈的处境中他们认为法律是无法帮助自己的，并且法律对他所遇到的问题也是鞭长莫及的。正因为如此，在新农村建设的过程中，农村基层党建工作薄弱，基层民主不健全，村干部变卖土地，吞噬国有资产，乡镇企业转制时造成大量国有资产流失等现象比比皆是，而农民往往视而不见或听而不闻，至多发发牢骚，不会主动去维护自己利益。农民依然"习惯于用情感化、伦理化与道德化来建立人与人之间的社会关系，对于伦理道德以外的通过法律去处理和协调人际关系、社会关系的做法不屑一顾。"在广大农村，农民不懂法、不知法、不用法的情况不仅给自己造成很大的经济损失，而且成为制约其成长为新型农民的一大障碍。

新农村建设能不能成功，法律能不能取代传统，农民法制意识的培养至关重要，对农民进行法制教育势在必行，具体做法如下。

（一）加强对农民的普法教育

普法教育"不仅是一个乡土社会的地方性知识扩充（量的意义）与更新（质的意义）的过程，更是一个乡土社会的地方性知识回应国家灌输的法治知识形成新的社会规则的过程。"首先，根据农村的实际情况，加大民事、行政法律法规的宣传教育。随着社会、经济的迅速发展，农民涉及民事、行政法律法规的活动逐渐增多，所以，对农民的普法教育要转变观念，不能不分重点，应该根据农村实际情况的变化，及时调整法律宣传的内容，以确保农民在人身、财产等各个方面的正当权益不受侵犯。其次，要加强对农村干部的法律培训，提高农村干部的法律意识，增强农村干部的法治观念。通过对农村干部的法律培训，使其增强依法解决农村热点、难点问题的意识，提高普法工作的效率。通过建立健全符合新农村发展的村民自治章程和各项村级事务管理制度，使农村各项事业逐步走上规范化、法治化轨道，从而使农民群众切身感受到依法治理的实际效果，更加支持各项法律制度在农村的推进与完善，使新农村建设在村党组织的领导下充满活力。最后，要组织开展"送法下乡"等活动，深入农民群众中传播法律知识。当然，"送法下乡"活动除了选择农民群众最喜爱、最容易接受的宣教方式，诸如广播喇叭、黑板报、宣传栏等，使农民群众在潜移默化中提升法律意识，在寓教于乐中增强法制观念以外，更需要让法律贴近农民生活的实际需要，也就是法律系统在追求自身合理性的同时，还应追求现实的合理性，即法律原则、程序及由此产生的结果，与现实社会的基本期望要达到一定的均衡或者一致。如果法律背离了具体的生活实际，背离了广大农民的实际需求，那么实现中国法制化的理想目标就是空中楼阁。当然，农村的普法教育要与农村的执法结合起来，要紧密结合农村的实际.，让农民真正感觉到法律的震慑力和严肃性，而不是可有可无的游戏规则。总之，通过加强对农民的普法教育，使农民能正确地认识到法律在自己生活中的重要性，从而能够正确地运用法律，理性解决自己生产和生活中的各种矛盾。

（二）提高农民的法律意识

法律意识是人们关于法律现象的思想观点、知识和心理的总称。它一方面意味着公民能够发自内心地认同和尊重国家宪法和法律的权威，并以之为自己行为的准则，自觉遵守法律；另一方面还意味着公民能从平等的观念出发，要求他人和各类公共机关也遵守法律的共同约定，在法律的范围内行事。法律意识的具备表明一个公民在正确处理自身与社会关系上的成熟。对于农民来讲，具备法律意识不仅停留在对道德和法律知识的简单记忆与背诵的层面上，而是应该将其真正内化为自己遵循的准则，这是农村法制秩序得以建立的基础。但是，在一定程度上，我国广大农村仍旧是血缘、亲情基础上的社会，农村习惯经常取代国家法律成为处理纠纷的标准，有人把这种现象归结为血缘关系基础上的"熟人社会"特征。因此，培养和提高农民的法律自觉意识，而不是把法律当作摆设，那么农民就能告别陋习和愚昧，形成科学理性的处事方式。新农村建设中，这不仅体现了农民群众的愿望和要求，符合农民的根本利益，而且还能使农民群众把对乡规民约的遵循与国家法律有机结合起来。

（三）培养农民的法律习惯

农民法律习惯的缺乏不仅严重影响其法律意识的增强，而且影响其行为。事实上，农民往往依赖于各类维权活动模式，而不选择现代法律裁决方式。"有邻里纠纷时，37.7%的村民选择找村干部解决或人民调解员解决，34%的村民选择找村里有威信的人解决，忍气吞声的人占22.6%，选择打官司的人仅占14.2%。"由此看出，司法在农民的纠纷解决方式中所占比例还较低，政府或人民调解员调解仍是农民解决纠纷的最主要方式。在新农村建设过程中，全面实行法治，将现代法律信仰、法治精神的培育作为重要环节，培养农民的法律习惯就成为重要的内容。培养农民的法律习惯，使农民借助法律制度维护权利、履行法定义务、实现自己的利益，是新农村建设中提高农民法律素质的重要任务。只有培养农民的法律习惯，农民才会变书本上的法为现实中的法，才会真正消除对农村法制的认知障碍，才会真正维护自己的合法权益，才会真正享受法律带来的实实在在的利益。当然，法律习惯的培养"不是依靠外在强制力的压制而形成的，它是一个自发的、潜移默化的过程，或者说是在一系列日常社会活动、经验、感受之中而达到的。"它必须在实际的法律运作过程中，在相关行为主体真切地感受到法律带给他们的实效，并对法律产生信任和依赖心理的过程中逐步成长起来，这是一个长期的、渐行变化的过程。只有农民在其长期的日常生产生活中一直都能感受到法律所带给他们的利益和权利，而不是法律的朝令夕改或因人而异等经常出现不稳定的情况，农民才能在长期的信任和信赖的心理作用下逐渐产生健康的法律意识，进而自觉遵从法律规范和维护法律秩序，养成法律习惯。

第三节　公民意识

公民意识是一个复杂的概念，它是指社会成员对公民资格及其价值的确认，对国家主体地位的确认，是现代社会成员对其公民角色及其价值理想的自觉反映。从历史角度来看，公民意识是伴随着公民的产生而产生的。"公民"原本是西方文明的产物。"公民"一词最早出现在古希腊城邦，是身份和权利的象征。公民拥有平等的政治权利，踊跃投身于政治和社会生活，才能推动城邦的繁荣与和谐，因此在西方国家，"公民"首先是作为一个权利与义务相统一的范畴而出现的，它和"自由、平等、博爱"等精神联系在一起。

在新农村建设中，农民只有首先成为社会之公民，才能谈得上公民意识的提高；否则，如果没有农民公民意识的觉醒和公民观念的树立，很难想象新农村建设能够顺利进行。首先，农民公民意识的树立有利于发挥农民在新农村建设中的主体力量。在新农村建设中，农民只有真正把新农村建设当作自己的事情，自觉、积极、主动、努力地去做，新农村建设才会取得更大的进步。其次，农民公民意识的培养有利于城乡协调发展。新中国成立以来，国家政策导向需要农业为工业的发展积累资金，在当时社会发展的历史条件下，这种政策的导向使农村为城市的繁荣作出了极大的贡献，总体上这有利于中国经济的复苏与发展。然而，这也拉大了城乡之间的差距，使城乡的发展出现了很大的不协调。因此，农民公民意识的培养可以使农民正确看待政策的导向给农村经济的发展造成的"剥夺"，进而使农民正确地审视自己的利益并发挥其在新农村建设中的积极作用。最后，农民公民意识的树立有利于推动农村基层民主的发展。基层民主是我国民主制度的柱石。农村民主的状况极大地影响着我国民主政治的实现程度，农村基层民主的发展对于我国整体民主的推进的重要性不言而喻。正是因为两千多年经济的、政治的、文化的积习导致我国农民公民意识缺乏，农村基层民主发展到今日，依然在低水平徘徊，公民的民主监督权利、参政议政权利等全都在现有的政治体制下大打折扣。因此，加强农民的公民意识教育，激发其以饱满的热情参与新农村建设就十分必要。

具体来讲，社会主义新农村建设中对农民进行公民意识教育主要包括以下三个方面。

一、权利义务意识

权利义务意识是指公民对宪法和法律所规定的权利与义务的认同。从国家角度来讲，提高公民的权利义务意识，畅通政治参与的渠道，尊重和保障广大人民群众的根本利益，培养良好公民权利义务与责任意识，是我们建设民主法治国家之必需。权利义务意识是农民主人翁精神产生的最基本基础，它是新农村建设不枯竭的动力源泉。马克思曾经指出："没有无义务的权利，也没有无权利的义务。"权利与义务从来都是对等的，因为没有义务的权利只能是特权，而没有权利的义务只能是奴役。在新农村建设中，既应充分尊重农民的权益、需求、意愿与价值，凸显其真正享有宪法与法律规定的各项权利，也应强调其必须履行宪法与法律规定的各项义务。如果只是一味地享有权利而不承担义务，不仅有愧于公民的称号，而且也是对自己的不负责任，最终连自己该享有的权利都会失去保障。一个健康而有序的公民社会，不仅是一个凸显公民价值与权利的民主社会，更应该是一个倡导公民参与意识、责任意识的社会。长期以来，我国农民缺乏权利义务意识，这是多种因素综合作用的结果。作为国家来讲，并不是没有为农民留下伸张权利、承担义务的位置，而是农民本身的脆弱性以及民主法制意识的淡漠使其还不能自觉地意识到自己是国家权利义务主体的一部分，而不被意识到的权利和义务是有助于农民实现当家做主的。因此，在新农村建设中要着力培养和提高农民的权利义务意识。

二、公共责任意识

人作为社会存在物，社会性规定了人的本质，因此，人扩大自己的生活领域，参与社会公共生活也是时代发展的必然。如果说男耕女织、自给自足的小农生产方式养育了封闭、自我的生活态度，那么现代社会呼唤的则是公民的公共责任意识。公共责任作为公民在公共生活中应该具备的基本责任，处理的是个人与群体之间的关系，它是一个社会进步与文明的体现。在新农村建设中，公民的公共责任意识就是指消除农民思想观念深处的偏见与自私性的一面，把集体的事情、公共的利益置于自身狭小的个体利益之上。"我为人人，人人为我"的公共责任取向只有真正内化为每个公民的实际行动，使每个公民正确认识到自己只是集体的一分子，自己有理由承担对社会的责任与奉献，那么，这种参与、担当精神就是现代文明生活的价值和行为支撑，它能够调动农民的积极性并使农民参与到与本村有关的公共服务、共同事务的管理与建设之中。比如，在新农村建设中，要实现"村容整洁"的目标，就首先需要改善农村的道路状况，合理规划村庄建设，而当这些与农民自身利益有冲突时，自身狭隘的利益应该让渡集体利益，因为集体利益的实现有助于自身利益的实现。同时，农民的公共责任意识，也有助于对基层权力组织实行良好的监督，以对其错误行为进行纠正，进而使新农村建设走合法有序的道路。总之，只有明确了农民的责任意识，农民才能将自身融入公共生活中，关心新农村建设，关心新农村建设的发展及未来并为之作出应有的贡献。反之，离开了公共责任意识，不管是经济的运行、政治的整合还是管理的决策等都会背离现代化的发展。

三、规则契约意识

规则契约意识不仅是规范社会秩序的需要，同时也是保障公民先在权利与自由的诉求。它既体现为民众对法律和各种公认准则的遵从，也体现为公民平等意识的觉醒，他们有要求各类公共机关也遵守法律的共同约定并在法律范围内行事的权利。从此意义上讲，规则契约意识是现代公民素质中不可或缺的组成部分，它也是中国农村从"无法"却有秩序的"礼治"社会向现代意义上的"法治"社会转型的基础。在新农村建设中，大多数农民都能够遵纪守法，但乡风乡俗和"熟人社会"的运行逻辑依然影响着农民认识问题的角度以及对行为方式的选择。培养农民的规则契约意识，一方面，就是要使农民逐渐走出"熟人社会"与身份社会及血缘关系、地缘关系和亲缘关系的非理性状态。当规则契约占据主导，人情关系处于从属地位时，农民才是社会公民，整个社会才是一个理性的社会。另一方面，要教育农民和基层精英对于违反规则者有进行批评与监督的权利。现代社会的发展，各种不同的规则可能在乡村中被运用，但同时基层政府或权利运用者根据利益的变化采取不同的形式处理事务时，违反规则与契约的情形就会时有发生。因此，农民规则契约意识的养成有助于农民很好地行使自己的权利，并通过合法手段和程序维护自身的权益；农民规则契约意识的养成也有助于他们对领导干部进行监督，对其错误行为进行纠正，以此推动现代公共规则在农民共同体中制度化的发展。

总之，通过对农民进行民主和法制教育，以先进的理论为指导，树立健康、积极、向上的社会主义新乡风、新民俗、新思想、新风尚，为社会主义新农村建设的发展营造了和谐良好的社会氛围。

第八章　道德品质教育

人们常说"没有规矩不成方圆"。社会生活中的每一个人，其行为不仅要受到法律规范的制约，同时也要受到道德规范的制约。法律和道德作为社会调控的重要手段共同构成人们的行为规范内容。新农村建设中，新型农民的道德品质状况，既体现了农村改革发展的应有之义，同时也关系到农村改革发展能否顺利地推进。党的十八大报告指出，要深入开展道德领域突出问题专项教育和治理，加强社会公德、职业道德、家庭美德和个人品德教育，弘扬中华传统美德，弘扬时代新风。因此，提高新型农民的道德品质境界，推进公民道德建设工程，就要以社会主义核心价值体系为根本，从实际出发，区别不同对象，坚持分类施教，突出实践特色，切实使农民道德品质境界能上一个新台阶。

第一节　社会公德

一、社会公德的含义

随着公共生活的增加，公共场所越来越成为人们活动的主要场所。传统社会，人们社会活动空间较小，主要生活在私人领域。而现代社会，人们已经走出自身狭小的生活空间，逐渐融入广阔的社会之中，参与公共生活，这就迫切需要一种具有公共理性的道德来调节人们的行为规范。俗话说，人无德不立，国无德不兴。所以，社会公德作为社会道德建设的核心内容，已经成为一个影响当前经济和社会和谐发展的、不容忽视的问题。

所谓社会公德，是指人类在社会生活中根据共同生活的需要而形成的为社会中每个成员所应当遵循的行为规范。社会公德是人们在社会公共活动中应当遵循的道德行为规则，也是对历史优良道德和继承和发展。它是一个合格的社会成员在道德上应该遵循的起码标准和一般要求，实质上是一种契约思想的公共理性。公共理性作为现代社会与传统社会的一大区别，就决定了社会生活的公共化必须要遵守一定的规则和秩序，否则，社会将陷入混乱，人们就无法正常地生活和交往。马克思也说这些规则和秩序正好是一种生产方式的社会固定形式，是相对地摆脱了单纯偶然性和单纯任意性的形式。这些规则和秩序的最起码要求，就是生活于同一社会中的人们必须遵守社会公德。一个人如果连公德都不讲，那么，要他信守更高层次的道德，也就无从谈起。

社会公德是社会道德的基础。然而，与其他样式的道德比较，社会公德又有如下特点：首先，社会公德是一种基本的道德要求。它反映社会公共生活中人们共同相处、彼此交往的最一般关系，是维持必不可少的公共秩序和纪律所不可缺少的因素。其次，社会公德的内容具有最大的继承性和通用性。社会公德规范是人类世世代代调整公共生活中最一般关系的经验结晶。这种最一般的关系，在不同的时代、不同的社会形式中都存在，其内容也较少变化。最后，社会公德拥有最广泛的群众基础。社会公德是社会道德风尚乃至整个社会精神文明的重要窗口，作为一种契约思想，社会公德是公共精神的反映，这种公共精神，体现的是个人意志和普遍意志的统一，是个人利益和社会利益的统一。破坏公德损害的不是少数人的利益，而是大多数人的共同利益。正因为如此，社会公德最深入人心，最能受到群众的自觉维护。这也就在客观上进一步要求加强农民的社会公德教育。

二、新农村建设中加强农民社会公德教育的主要内容

随着农民逐渐走出狭小的家庭范围，以自主性的身份参与社会生活，以公共交往为特点的社会生活就成为这个时代农民人际交往的反映。加强农民的社会公德教育，主要包括以下三个方面。

（一）相互尊重宽容、互助友爱

加强农民的社会公德教育首先就是要培养农民彼此间的尊重宽容、互助友爱精神，这是新农村建设中人际平等交往的重要准则。人常说，尊重他人就是尊重自己。这就说明人与人之间应该相互尊重，这是建立良好人际关系的前提。传统社会，村庄内部代际之间普遍缺乏相互尊重的观念，特别是长辈总盲目地以自身的价值观来裁取一切，定夺年轻人的行为取向。正是因为长辈与幼辈之间的尊重是单向性的，那么长辈可以随意打骂儿女，这不仅引起了代际之间的隔阂，而且给晚辈造成了终生难以弥补的心灵创伤。现代社会是追求平等的社会，这种平等的观念就要求人们必须以尊重对方的人格为前提，不管是同代之间还是异代之间，也不管是代内之间还是代际之间。所谓互助友爱，就是全社会互帮互助、全体人民平等友爱、融洽相处。互助友爱是实现人际平等的重要准则。

新农村建设的是和谐的社会，是人与社会之间关系协调的社会、人与人之间关系融洽的社会。然而，在这个剧烈转型的年代，也应该看到人类千百年来传承下来的优良传统道德在物欲横流的现代社会已经失去了应有的底线，不尊重老人、欺骗敲诈、社会责任感淡薄等现象随处可见。特别是随着道德滑坡、诚信体系的崩坍以及贫富阶层的分化，越来越多的人皈依丛林法则，进而使社会的和谐遭到一定程度的破坏。在新农村建设中，农民的社会流动性在不断增强，这就导致人们的观念也在

不断地发生变化，特别是年轻人外出汲取新事物后，乡村长辈的威严和地位日益受到挑战和威胁，长辈们不再像以前那样对年轻人发号施令，而是以平等的、尊重的眼光来看待这些受到现代文明熏陶的年轻人，所有这一切都在客观上促进了农民之间的平等交往。所以，相互尊重宽容、互助友爱的人际平等交往准则才能使人们深刻领会人的价值与尊严，也只有如此，才能为社会主义新农村的发展提供强大的精神动力，创造令人心情舒畅的社会环境与和谐氛围。

（二）遵纪守法，爱护公物

在新农村建设中，农民自觉遵纪守法，爱护公物是社会公德最基本的要求。所谓遵纪守法，就是人们在社会生活中遵守有关纪律，依法办事，严格恪守法律规范。遵纪守法是人生最有价值的一种资源，从功利的角度看，这能够满足其对物质利益的需求。一个遵纪守法的人，他的行为能够促进他的人生发展，并且有利于他实现自己的人生价值。公共生活中，每个人都是法律道德规范的遵从者，而只有真正将"事不关己高高挂起""明哲保身"、以邻为壑等小农社会的陋习从每个人的心中剥离出去，自觉以法律道德为准绳，各种社会活动才能得以顺利进行。其实，不管是对国家颁布的法律、法规的遵循，还是对特定公共场所有关规定的遵循，都反映了人们的共同要求，体现了人们的共同利益。

所谓爱护公物就是人们对特定公共场所有关规定的遵循，爱护国家和公共财产不受侵犯。一个公民是否爱护公物，这是公德心的体现。从小处讲，一个人的公德心可以反映出一个人道德素质的高低，从大处讲，则反映出国家的文明程度和国民素质的高低。一个人的公德心是他信守更高层次道德的基础，尽管损害公共财物是个人行为，但最终损害的是多数人的共同利益。只要留心，人们就会发现，社会生活中破坏损毁公共财物的现象比比皆是，比如，公园草坪上留下的串串脚印，公共建筑物上的各种涂鸦等。古人云："勿以善小而不为，勿以恶小而为之。"爱护公物只需要大家的举手之劳，只要拥有一颗爱护公物之心，就能保证公共设施的完好无损和正常使用，从而实现对共同社会财富的共享。因为每个人既是公共财物的主人，又是公共财物的使用者。总之，对农民加强遵纪守法，爱护公物的社会公德教育，才不会对社会和他人造成损失和伤害，从而保持社会公共生活有序进行，保证社会健康稳定发展。

（三）讲究卫生，保护环境

在新农村建设中，加强农民的社会公德教育还要培养农民讲究卫生、保护环境的意识，这也是社会主义新农村道德建设的重要内容。为了保持社会公共生活环境的整洁，保障社会成员的身体健康，每个农民都应该讲究卫生，保护环境，这也是社会公共生活中人们应该遵守的最基本的行为规范。然而，自古以来农民重私德、轻公德倾向比较严重。在私人领域，人们都非常注重自己的尊严、面子，也非常关注自身所处的环境，正因为如此，"各扫门前雪"的现象比较普遍。而在公德领域，人们的行为失范情况比较严重。正如梁启超所言，"私德居十之九，而公德不及其一。"英国学者罗素同样认为，中国文化重家族内私德，不重社会的公德公益。而我国最为著名的社会学家费孝通先生认为："中国社会存在一种'差序格局'，与己关系近的就关心，关系远的就不关心或少关心；结果有些事情从来就没有人关心，整个社会普遍缺乏公德心。"所以，培养农民讲究卫生，保护环境的社会公德非常必要。构建社会主义新农村，只有处理好人与自然关系，才能做到村容整洁，环境优美。那么，农村优美的自然环境和恬淡的田园风光就是人向往的生活乐土。

然而，随着市场经济的发展和对外开放的搞活，农民的思想意识发生了很大的变化，为了短期的经济效益，一些农民盲目垦荒、过度放牧、涸泽而渔的行为屡见不鲜。正是这种可持续发展观念的欠缺，农村的生活环境已于过去相比发生了很大的变化。原先的农村是山清水秀、鸟语花香的乐园，在今天的农村这样的景象已难再寻觅，有的地方山林植被的多样性被破坏，清澈的河流变成了臭水沟，而有的地方河流也成了干枯的河道。恩格斯早就指出过："我们不要过分陶醉于我们人类对自然界的胜利，对于每一次这样的胜利，自然界都对我们进行报复。每一次胜利，起初确实取得了我们预期的结果，但是往后和再往后却发生完全不同的、出乎预料的影响，常常把最初的结果又消除了。"所以，在新农村建设中重视对农村生态环境的保护更需要一种长远的战略眼光，它是农村可持续发展的前提条件，而对乡村环境保护工程的合理规划，使农民养成讲究卫生，保护环境的良好习惯也是社会公德所必须要求的重要内容。

第二节　职业道德

一、职业道德的含义

随着社会分工的细密化，职业走向多元化，不同职业之间又有着不同的规范要求，这是社会在不同发展阶段的必然产物。马克思说："职业由于分工而独立化。"随着职业的分化，职业道德就成为职业中一个重要的议题。所谓职业道德就是同人们的职业活动紧密联系的符合职业特点所要求的道德准则、道德情操与道德品质的总和。恩格斯也曾说："实际上，每一个阶级，甚至每一个行业，都各有各的道德。"每一个行业的道德就是职业道德。职业道德同人们的职业生活相联系，第一，在内容方面，职业道德是对本职人员在职业活动中基本的行为要求，同时又是所在职业对社会所担负的道德责任与义务。第二，在形式方面，因为每种具体的职业都有其特殊性，因此，职业道德的行为准则表达形式往往比较具体、灵活、多样。第三，在调节范围上，职业道德主要是用来约束从事本职业的人员。第四，在功效上，职业道德一方面使一定社会或阶级的道德原则和规范"职业化"，另一方面又使个人道德品质"成熟化"。

人们的职业生活是一个历史范畴，因此，职业道德是随着职业的出现才出现的。但关于职业道德研究的相关资料中，农业是不是一种职业？农民有没有职业道德？这往往成为较具争议的问题。在笔者看来，从发生学和生产经营的角度来认识，更有助于问题的澄清。

从发生学角度看，职业道德的形成有两个基本条件：一是生产的发展和社会分工的出现，这是职业道德形成的历史条件；二是各种职业活动的展开和成熟，这是职业道德形成的实践基础。人们的职业生活是一个历史范畴，职业不是从来就有的，也不是永远不变的，而是随着社会历史条件的变迁而不断变化的。在人类历史上，畜牧业、手工业和商业先后从原始农业中分离出来，分工和交换逐渐成为一种普遍的社会现象，职业也就正式形成了。到了近代，随着生产力社会化水平不断提高，社会分工日趋细致和复杂化，为适应生产发展的需要，人类的职业活动日益发展和多样化，而职业分工并没有把人的活动分割成互不关联的独立活动，相反，这种外表形式上的独立化实质上却使人们之间的社会联系与依赖性进一步增强，并且产生和形成了用以规范这些人际关系的职业道德。

从生产经营的角度来看，农业自然是一种职业，一种以农作物种植和畜牧饲养为主的生产经营活动。在传统观念中，人们往往将领取财政工资的人以及提供特定服务或商品交换的人认为是有工作的人，因此对他们自然而然提出了系列的职业规则和要求。如教师必须上课认真负责；医生必须救死扶伤并严格遵守医疗规章制度；公务员必须按照国家有关规定积极地履行自己的职责；餐饮业必须确保食品的安全与卫生；商贩必须禁止销售假冒伪劣产品，不得漫天要价等。但传统农业为什么没有被纳入职业道德的范围？这主要与传统农业的自给自足的特征有关。在传统社会，农民主要是在自给自足的生产方式下从事农业生产，农产品主要是用于个人消费，而不是用于市场交换，因此，农民的职业道德问题不是很突出。随着市场经济的发展，自给自足的农业生产方式被打破，原来分散式小规模生产也已经被规模性经营方式所取代，农产品主要不是用于个人消费，而是用于满足市场的需求，进而获得一定的经济收入，这时就凸显出农民职业道德的重要性。在现实生活中，因受市场经济负面效应的影响，许多农民不讲职业道德，不履行职业义务，甚至将职业良心商品化。如果这些问题不及时给予解决，农民就会失去应有的职业信誉，从而导致整体社会道德水平的下降。

二、新农村建设中加强农民职业道德教育的主要内容

职业道德作为一种特殊的意识形态，具有很强的规范性。它要求每一个从事正当职业的人在职业活动中都应当明确对企业、人民、社会和国家负有相应的义务，"应当怎样做"和"不应当怎样做"。《公民道德建设实施纲要》指出：职业道德是所有从业人员在职业生活中应该遵循的行为准则。职业道德涵盖从业人员的职业观念、职业态度、职业技能、职业纪律和职业作风等。结合新农村建设的实际，农民职业道德教育的主要内容包括以下三个方面。

（一）诚实守信，合法经营

诚实守信，合法经营是农民职业道德教育的首要内容。诚实守信作为中华民族的传统美德，它的基本含义就是守诺、践约、无欺，即说老实话、办老实事、做老实人。"一言既出，驷马难追""言而无信，行之不远"等都是诚实守信的意思。诚实守信作为公民基本的道德规范，在当代，它是现代经济社会发展的一道底线，是人性中真、善、美的体现。不管是市场经济

发展的内在要求，还是国家的强盛、民族的复兴，职业道德都发挥着社会基石的作用，凸显着时代的要求与价值。合法经营是指在国家法律规定的范围内从事生产经营活动，即农民所从事的活动应该在国家与法律所允许的范围内进行，不能把个人的一己私利凌驾于国家和集体利益之上，这是社会主义道德的一个基本原则。然而，改革开放打破了农村的宁静闲适，任何乡村再也无法与时代完全隔绝而守着一份清贫淡泊悠然度日，广大农村发生着前所未有的变化。在"让一部分人先富起来"的政策导向中，"诚实守信"和"合法经营"在农村的现实生活中出现了严重扭曲，部分农民个人主义、利己主义、拜金主义思想发展到了极致，为了追求个人财富而不择手段，不惜损害他人的身体健康和生命安全，甚至为了金钱和财富不顾自己的人格与尊严。"民以食为天"，然而，近年来，各地相继发生了很多危害公共食品安全的事件，比如媒体曝光的影响比较大的"毒奶粉""甲醇造假酒""瘦肉精""地沟油""彩色馒头"等食品问题。

（二）勤劳致富，厉行节约

传统农业生产的生产力发展水平较低，精耕细作的劳动是农民一贯的生产方式，这就养成了农民吃苦耐劳、踏实肯干、勤俭节约的传统美德。20 世纪 80 年代，联产承包责任制的实行，使农民眼界大开，农民积极性的调动极大地促进了农村生产力的发展，农民温饱问题得到基本解决，发财致富成为大部分农民更高层次的生活追求。一些农村地区，拜金主义、"有钱就有一切"等物本主义观念泛滥，部分农民浮躁心理盛行，沉迷于一夜暴富，试图通过不正当、非法的手段致富。物化及功利意识使得人们对金钱的重视超过一切，进而导致道德的沦陷，人性的丧失。央视著名主持人白岩松在一次电视访谈中说："生命不是算术题，在那一瞬间的那种直觉和采取的行动就是对生命最大的尊重。"反观这些农民的行为，不得不引起人们的反思。农民勤劳致富观念的培养，一定意义上应该体现出对生命的最大尊重，而不是用良知去交换所谓的金钱。当然，在社会主义市场经济条件下，相当多的农民是通过自己的聪明才智勤劳致富的。但是，在新农村建设中逐渐富裕起来的农民却存在一些不健康的生活方式，有些农民不是将勤劳致富的钱用来扩大农业的再生产，而是大搞浪费之风和赌博之风。我国每年在餐桌上的粮食浪费数量巨大，浪费之风不止于"舌尖"，而且其所造成的恶意影响更不止于挥霍钱财。摆阔气、讲排场、比奢华并不是一种美德，而是通向共产主义理想社会的障碍。笔者曾看到过这样的一则消息：河北省霸州市胜芳镇曾经被上级机关授予"文明城镇""小康建设明星镇"的称号。然而，那里的赌博活动却十分猖獗，完全公开的赌博大棚直接面向大街，赌点安装着音响，劝人下注的声音分外响亮，以此来吸引众多农民参与。反观这样的社会景象，进一步说明了富裕起来的农民精神的空虚和生活方式的简单随意。因此，只有不断提高农民的综合素质，增强农民的发展意识、时效观念，才能形成良好的道德规范和社会风尚；反之，如果无所作为，放任那些不健康的、落后的甚至违法的行为蔓延，则会造成农村的畸形繁荣，不利于农村的和谐与稳定。

（三）爱岗敬业，乐于奉献

爱岗敬业与乐于奉献相辅相成，只有爱岗敬业，才能乐于奉献。所谓爱岗敬业就是指每一个人都应该认真对待自己的岗位，无论在任何时候，都对自己的岗位职责负责到底。爱岗敬业不仅是个人生存和发展的需要，也是社会存在和发展的需要。只有爱岗敬业的人，才会在自己的工作岗位上勤勤恳恳，刻苦钻研，一丝不苟，精益求精。然而，随着现代高科技的发展，社会分工越来越细密化，特别是流水线技术在生产中的应用更是大大提高了劳动生产率。从积极意义上讲，流水线技术在生产中的应用最终提高的是整个社会的生产效率，可以使社会创造出更多的财富。但是从消极意义上讲，流水线技术的工作流程像机器一样，最终会使人对工作产生厌烦与倦怠。因为流水线技术是将每条指令分解为多步，并让各步操作重叠实现几条指令并行处理，只要从事某种工作，只要在某个岗位，就会日复一日，年复一年地重复同一个动作。在这样的工作环境中，何谈爱岗敬业呢？没有爱岗敬业的意识，那么乐于奉献也就无从谈起了。深受封建落后观念的影响，农业被一直当作低收益的行业，农民一直被认为是低贱社会身份的代名词。有些农民也在这一思想意识的影响下认为农业是低贱的职业，他们认为职业的高低与报酬的高低才是划分职业贵贱的标准，因此，相当一部分农民千方百计地跳"龙门"，想尽一切办法发财致富。目前广大农村"空心化"现象非常严重，延续了几千年的乡土生机在现代中国日趋黯然。青年男女少了，散步的猪、牛、羊、鸡少了，新树苗少了，学校里的欢笑声少了——很多乡村，已经没有多少新生的鲜活的事物，大可以用"荒凉衰败"来形容。其实，每一种职业都有着特殊的地位和不可替代的作用，缺少哪一种职业，人们的生活乃至整个社会的运转就会受到影响。这就需要农民树立职业平等的观念，作为社会的一分子，他们的努力和付出都应该得到社会的肯定与赞扬，而农村也并不是贫穷落后的地方，只要善于经营、勤勤恳恳、爱岗敬业、乐于奉献，农村的土地上依然可以成就梦想，农民依然可以在自己的岗位上创造价值、实现价值。

总之，为了使农民真正成为新农村建设的新型农民，社会成为真正的理性社会，就必须要有职业道德规范对农民的约束。职业道德就其本质而言，是关于人性、人伦关系及结构等问题的基本原则的概括。它往往代表着社会的正面价值取向，起判断行为正当与否的作用。农民职业道德教育对于推动新农村的进步，对于农民的行为选择，对于农民的社会实践具有深层次的影响。

第三节　家庭美德

一、家庭美德的含义

家庭是一种社会组织形式。它的基础是男女两性的结合，但这种结合是男女两性依据一定的法律、道德、风俗规定而建立在婚姻关系、血缘关系或收养关系基础之上的社会组成单位。恩格斯在《家庭、私有制和国家的起源》一书的序言中指出："根据唯物主义观点，历史中的决定性因素，归根结底是直接生活的生产和再生产"。在这句话里，"再生产"就是指家庭生产。在恩格斯看来，家庭生产与劳动生产同等重要，离开了家庭生产，劳动生产就会受到影响。

从社会学的角度来看，家庭是初级社会群体，它满足着人类各种不同的需求，比如，物质的、精神的、情感的需求等。而作为社会最基本组成单位的家庭来说，家庭美德建设是社会主义思想道德建设的一项基础工程，是社会主义道德在家庭生活中的具体体现，它对于发展社会主义先进文化的内容，促进社会的文明进步等具有重要的意义。首先，家庭美德是维系家庭和谐的重要精神支柱。家庭的和谐幸福与否，固然与家庭的物质生活水平相关，但更重要的还在于用什么样的价值观念来指导和调整家庭生活中的各种关系。家庭是一个融合各种复杂关系的、极为密切的群体，涉及两性关系、道德关系、法律关系、经济关系和血缘关系等，由于家庭成员在年龄、辈分、性格、文化、理想、志趣等方面总是参差不齐的，故而家庭中的利益矛盾、兴趣冲突也是不可避免的。因此，用家庭美德来规范、调节、约束家庭成员的行为就成为维系家庭和谐幸福的重要因素。其次，家庭美德是社会安定团结的保障。家庭是社会的细胞，甜蜜而温馨的家庭生活是社会和谐稳定的重要基础。俗话说，家和万事兴。一个人有了温暖和谐的家，享有物质生活和心理情感上的保障与关爱，这不仅有利于家庭成员身心健康的和谐发展，使人们以宽容、积极的心态与社会进行交往，而且有利于社会的安定与团结。再次，家庭美德是社会道德的有益补充。家庭美德赋予了公民价值反思、是非判断的能力，并发展了人们的社会价值意识，从而能够使家庭成员更有效地对外部世界进行价值思维和价值判断，自觉地调控自己的行为，使自己成为遵纪守法的好公民。同时，又能使人学会选择，确定人生的目标，懂得如何满足自己的需要和实现自我的价值，使自己的人生充实、闪光和富有积极意义。最后，家庭美德是公民个体道德化的摇篮。家庭作为人类的初级社会群体，它是个体与社会的中介，是引导个体走向社会的桥梁。在人的社会化过程中，家庭对其成员有着潜移默化的作用。从这个意义上说，家庭美德是个体与社会发生联系的润滑机制，当家庭美德与社会公德、职业道德趋于一致时，个体道德的社会化就能沿着健康的轨道发展。反之，家庭美德建设的错位也必将危及个体道德社会化的实现。

由此可知，所谓家庭美德，就是指每个公民在家庭生活中应该遵循的基本行为准则和高尚的道德规范，家庭美德是人们美满幸福生活动力源泉，只有每个家庭成员能够加强自身的道德修养，并能自觉约束自己的行为，才能营造一个良好的家庭氛围，为自己的发展创造一个良好的家庭环境。

二、家庭美德建设内容

尽管法律以明文规定的形式赋予了家庭成员之间相互的权利和义务，但在家庭生活里，每个成员所担当的角色有所不同，这就要求在家庭中需要较多地以道德力量对成员进行一定的约束，并使其家庭能够很好地实现自己的职能，在社会中发挥应有的作用。党的十四届六中全会提出，家庭道德的主要内容包括：尊老爱幼、男女平等、夫妻和睦、勤俭持家、邻里团结。

（一）尊老爱幼

尊老爱幼是我国的优良传统，孔子的"仁义礼智信温良恭俭让"，孟子的"老吾老以及人之老，幼吾幼以及人之幼"都是尊老爱幼的体现。这些传统美德理应成为新农村建设中农民必须遵循的道德准则和行为操守。在我国，随着家庭核心化的趋势日渐明显，家庭规模不断缩小，家庭结构更多地以"四二一"结构为主，而老龄化社会的到来又在某种程度上加剧了年轻人的经济负担。逐渐走向老年是任何一个人摆脱不掉的生理规律，随着老年人身体健康每况愈下，精力也不再充沛，需要年轻人的照顾时就更加凸显出尊老的社会意义，因此，尊敬老人、关爱老人，处理好对老年人的赡养问题就成为家庭美德建设中必须关注的一个重要内容。从这个意义上说，老年人问题解决得如何是新农村建设中精神文明发展的重要标尺，为此，我们既要弘扬中国"孝"文化的精髓，也要剔除中国"孝"文化中的糟粕，在农民中形成尊老爱幼的家庭道德新风尚。我国最早的一部训诂书《尔雅》云："善事父母曰孝。"然而，仅仅是赡养还不能称之为"孝"，赡养只是起码的要求，能养不等于孝，只有敬才是孝的精义。孔子认为要以敬的态度赡养父母，关心父母的健康，以敬爱的心情与和颜悦色的态度对待父母。《礼记·祭义》也说："孝子之有深爱者必有和气，有和气者必有愉色，有愉色者必有婉容。"诚于中必形于外，子女对父母有敬爱之心，必然会尽力使父母愉快生活，享受天伦之乐。所以，尊敬老人、关爱老人就是不仅要保障他们的物质生活，还要给予他们情感的关怀、精神的慰藉，使孤独和寂寞不再成为老年人面对的问题，让他们在生命的最后阶段感到自身的价值、体面和尊严。从这个角度来讲，尊敬老人就是尊敬未来的自己。让他们安享晚年，获得尊重和情感的关爱是每一个人都需要面对的问题。在新农村建设中，农民只有懂得"亲亲""爱人"，懂得反哺、感恩，才能真正成为一个有基本良知、有道德的社会主义新型农民。

爱幼是一切生物具有的天然本能。人类的婚姻制度不仅仅是为男女两性关系提供保障，在其更本质的意义上讲，这是通过一夫一妻这种稳定的家庭形式为下一代创造一个安全、温暖的成长环境，这是保障社会延续的需要。然而，由于现代社会压力的逐渐增大，有些父母难以忍受社会及家庭的压力，不尊重孩子，随意呵斥、打骂、伤害孩子的行为时有发生。其实，在孩子成长的过程中，父母的爱对孩子的顺利社会化有积极的影响，如果孩子在缺失爱的情况下成长，那么很容易造成孩子性格的扭曲，有的甚至把对父母的怨恨转化为对社会的挑衅和破坏。而与之相对应，有一些孩子不是缺失爱，而是家庭给予的爱太多以至于遏制了他们对挫折的承受能力。很多年轻的父母认为在自己年轻的时候受到很多的苦，甚至缺衣少穿，而现在自己有能力给予孩子最好的物质，所以孩子就是家庭的中心，孩子被寄予着家庭的希望，孩子所犯的错误都是因为年幼所致。然而，正是这种教育理念的偏差，使孩子形成了任性、依赖、缺乏独立性、以自我为中心等偏执的畸形人格，这样做的结果必将把孩子推向危险的边缘。孩子是祖国的未来，是祖国的希望，而只懂索取爱，不懂得去施以爱，没有责任感的下一代也必将是"垮掉的一代"。总之，新农村建设不仅要有优美的环境，更要有良好的社会风尚，两者相得益彰，才能营造一个良好的新农村建设氛围。

（二）男女平等

男女平等是社会主义家庭美德的又一重要内容。男女平等就是指男女在政治、经济、文化和社会生活以及家庭生活等各方面享有同等的权利，履行同等的义务。现代社会，夫妻关系是以男女之间相互爱慕为基础，以夫妻双方的相互平等为原则，以夫妻双方相互尊重个性发展为前提而建立起来的婚姻共同体。

这就要求婚姻家庭生活中既要有高尚的爱情，又要有能承担的责任感。具体来说有以下两个方面。

一方面要求夫妻关系平等。夫妻关系平等的原则就是彼此间相互尊重、相互依存、相互忠诚，夫妻之间有对等的权利和义务，共同对后代、家庭和社会尽自己应尽的职责。现代社会夫妻关系平等的典型特点是：夫妻双方有各自相对独立的社会交往范围而且互不干涉；夫妻双方在处理家庭内外各种事务时共同决策；夫妻双方共同承担家庭内部日常生活的各项工作。然而，"妻与夫齐"在现代社会更多地成为一句空话，丈夫对妻子有着无限的权利，妻子是丈夫的私有财产，妻子则必须服从自己的丈夫。尤其是在农村，妻子始终处于丈夫的管制之下，被剥夺了权利，处于从属地位，以夫的人格作为自己的人格。在新农村建设中，传统的夫妻之伦、宗法伦理在农村依然严重地制约着男女平等思想的实现，大部分女性仍然生活在男权的桎梏之中。

另一方面要求在生育和抚养子女时的男女平等。然而，封建的残余思想犹存于现代社会之中，重男轻女、歧视妇女的现象依然存在。现代社会，女性还是更多地承担着抚养孩子、赡养老人的责任，做着大部分家务，而不管她经济是否独立。恩格斯认为，一个社会的进步状态可以通过女性的解放程度来加以衡量。男女平等是社会历史发展的客观趋势，要促进男女关系的平等，必须使女性拥有与男子同样的经济地位，这是实现男女平等的先决条件。如果女性在经济上对男性依赖，就不能拥有与男性同样的社会地位，就会使女性处于男性的支配之下，往往会成为男性施暴的对象，由此也导致了许多悲剧的发生。由此可知，在新农村建设中，男女平等作为家庭美德建设的一项重要内容，它不仅仅只是一句口号。男女要实现真正意义上的平等，就必须使女性与男性有同样参与社会活动的机会，它不仅关系新农村良好社会风尚的形成，还关系一个社会的文明与进步。

（三）夫妻和睦

家庭美德中比较重要的一点也体现在夫妻关系上，男女平等为夫妻和睦提供了一个基本前提。《礼记·中庸》曰："君子之道，造端乎夫妇；及其至也，察乎天地。"由此可知，夫妇之间的结合是以情感为基础的，在这份情感的基础上，才能建构起超越家庭之外的神圣情感。然而，随着女权主义的觉醒，平等主义的理念为大多数人所接受。妇女开始走出家门，涉足家庭领域以外的社会领域。女性通过教育和就业逐渐获得经济的独立之后，夫妻之间的公开冲突就呈上升趋势，近年来离婚率的逐渐上升就是夫妻关系走向极端很好的例证。

其实，个体生命在家庭中得到的最好滋养就是夫妻和睦。著名德国诗人歌德也曾说：不论皇帝还是庶民，能在自己家庭中得到和睦就是最幸福的人。如果夫妻情感的根基受到了破坏，那么生命后续的社会性建构就成了无本之木。尽管夫妻之间有矛盾冲突，甚至婚姻走向解体是不可避免的事实，但无论如何，夫妻作为家庭人际关系中最亲密的伴侣，在长期相互依存、相濡以沫的共同生活中，还是会产生和发展出深情厚谊，故而彼此依恋。特别是在中国人传统的观念中，孩子就是维持夫妻之间感情最好的纽带，这也就使夫妻之情能够保持得更加久远。司马光在《家范》中曾指出，要维系好夫妻关系，妻子应具备六种品德，他说为人妻者，其德有六：一曰柔顺、二曰清洁、三曰不妒、四曰俭约、五曰恭谨、六曰勤劳。宋若华所作《女论语》也指出："夫刚妻柔，恩爱相因。"这些思想如果剔除其中"男尊女卑"的不合理因素，在今天看来，依然对构建夫妻和睦关系有其可借鉴之处。因此，在新农村建设中，夫妻和睦作为家庭美德建设的内容之一，如何调适夫妻关系仍然是新农村建设中亟待研究与解决的问题，它对于维护家庭的稳定、社会的和谐都具有重要的意义。

(四) 邻里团结

在中国广大农村，农民居住的特点是房屋紧密相邻，特别是随着近年来农村经济的发展，农民生活条件的改善，很多农民都盖起了楼房，改变了以前那种低矮的平房居住模式。自古以来，"远亲不如近邻"是友邻之爱的真实写照。然而，富裕起来的农民，每个家庭高高耸起的门楼和宽大的铁门并没有改善邻居之间的关系，相反邻里之间却竖起了一道无形的大门，这个大门不是空间上的远近，而是心理上的距离。尽管农村家庭生活独立性不断增强，邻里关系也趋向理性化，但是友邻之爱对于新农村建设的意义却不容置疑。它减轻痛苦和贫困，它能帮大家共同致富，它能引导大家共同建设美好家园，它提高福利和幸福，它以感情和信任把心联结起来。相反，冷酷自私的邻里关系，不仅实现不了个人利益，而且进一步恶化了邻里关系，使人与人之间的情感更加冷漠。因此，在新农村建设中，善于对邻里之间的摩擦与矛盾进行有效的调解与解决也应该成为家庭美德建设的内容之一，否则小的摩擦就会酿成大的矛盾。发挥友邻之爱，让处在困境中的农民能够相互帮助，从而营造一个和谐的家庭之外的和睦环境，这不仅是淳朴民风的回归，也很好地避免了市场经济对人际关系的消极影响，这也是在新农村建设中乡风文明建设的要求。

第四节　个人品德

一、个人品德含义

个人品德是社会公德、职业道德和家庭美德建设的重要基石，又有着一定的独立性。品德是道德品质的简称，是指个人遵守社会道德规范而行动时所表现出来的稳定特点，是稳定的道德行为需要与为满足这种需要而掌握的稳定行为方式的统一体。品德是由多种心理成分共同构成的一个复杂整体。其中的共同成分基本上可以归纳为：道德认识、道德情感、道德意志和道德行为。道德认识是指对于行为规范及其意义的认识，是人的认识过程在品德上的表现。道德情感是人的道德需要是否得到实现及其所引起的一种内心体验，也就是人在心理上所产生的对某种道德义务的爱憎、喜恶等情感体验。道德意志是一个人自觉地调节行为、克服困难、实现一定道德目的的心理过程。道德行为是在一定道德意识支配之下所采取的各种行动。它是实现道德动机的手段，是道德认识和其他心理成分的外部标志和具体表现。道德认识是品德的基础，它对道德行为具有定向的意义，是行为的调节因素。同时，道德认识也是道德情感产生的依据，对同一事物或行为，人们的认识不同，就会产生各自不同的情感。道德情感是个人道德行为的内部驱动力之一，当道德认识和道德情感成为经常推动个人产生道德行为的内部动力时，就成为道德动机，有了道德动机才能引起道德行为的产生。人们在具有了道德认识与道德情感的条件下，是否会产生相应的道德行为往往取决于道德意志。

　　道德行为是道德品质的重要标志，看一个人的道德品质如何，不在于他的谈吐是否动听，而在于他的言行是否一致，他的道德行为是否具有一贯性。个体品德也可以被看作人们对品德的认识态度和自身的素质状态，它体现为一种认识与实践属性。如果个体没有一定的道德伦理修养，很难想象个体能够自觉遵守社会公德、职业道德、家庭美德。因而，个人品德建设能促使个体达到道德自觉与自由的境界。反过来讲，表面上遵循着社会公德、职业道德和家庭美德的人并不一定是自觉的道德个体。如个人慑于社会的压力而服从一定的社会公德，从表面上看他仿佛是一个有道德的人，但他实际上并不具备道德自觉性。个人品德建设具有基础性和根本性的作用。个人品德的构建必须坚持正确的世界观和方法论的指导。没有正确的世界观与方法论作指导，个人品德将是畸形的或不牢固的。因而，个人只有真正树立科学的世界观与方法论，才能从内心深处建构起自觉的道德体系。

二、个人品德建设的要求

个人品德不是天生的，而是一个学习与实践的过程，是一定社会实践的产物。在新农村建设中，加强新型农民的个人品德建设，应该从以下三个方面着手。

（一）自尊

人的尊严是指人拥有应有的权利，并且这些权利被其他人所尊重。每一个正直的人都应该维护自己的尊严，保持自己的自尊心。高度的自尊心不是骄傲、自大或缺乏自我批评精神的同义词。自尊心强的人不是认为自己处处比别人优越，而是对自己有信心，相信自己能够克服自己的缺点。苏联著名的教育实践家和教育理论家苏霍姆林斯基认为，没有自我尊重，就没有道德的纯洁性和丰富的个性精神。自尊心，是一块磨炼细腻的感情的砺石。英国著名的历史学家汤因比认为，人要想对自己的尊严有所觉悟，就必须谦逊。他认为：人是有尊严的，这只限于没有私心的、利他的、富于怜悯的、有感情的、肯为其他生物和宇宙献身的这种品质。传统农民由于生活的贫困和知识文化的匮乏而导致严重的心理自卑。随着经济的发展，农民的独立性和自主性逐步增强，自尊心也日益提升。丰富的社会关系不仅使他们走出了自我狭隘封闭的圈子，而且使他们与其他不同社会群体进行交往，进而开阔了视野，使他们对其他社会阶层的认知更加全面、更加客观，盲目崇拜、敌视他人的极端心态逐步得以消除。

（二）自立

"自立"的基本含义是指独立自主，靠自己的力量有所建树。自立建立在自强的基础之上，它是一种良好的民族品质，一种可贵的民族精神。作为中华民族的传统美德，是中华民族深厚文化底蕴的反映，是使中华民族屹立于世界民族之林的重要基础。《周易》曰："天行健，君子以自强不息。"唐代王勃在《滕王阁序》中说道："老当益壮，宁知白首之心？穷且益坚，不坠青云之志。"明末顾炎武有诗云："苍龙日暮还行雨，老树春深更著花。"毛泽东同志则提出"自力更生"的主张。正是因为这种自立自强的精神，在中国共产党的领导下，中华民族走向了复兴，神州大地重新焕发了光彩，中华民族屹立于世界民族之林。当前，尽管我国广大农民积极拥护社会主义新农村建设，但仍然有部分农民在新农村建设的认识上存在偏差，他们认为，新农村建设主体应该是政府，政府应该为新农村建设出钱，而他们自己出力就行。还有部分农民主体意识较淡薄，"等靠要"思想严重，消极被动、等待观望的现象在新农村建设中比较突出。因此，加强新型农民的个人品德建设就是要依靠宣传、机制、政策等的力量唤醒农民自立自强的精神，使之主观能动性得以充分发挥，使之处处彰显出创业的热情和发展的活力，使之树立通过自己的努力彻底改变自身命运的观念。

（三）宽容

人们常说，无欲则刚，有容乃大。宽容是一种良好的心理品质，是一种非凡的气度、宽广的胸怀，是一种高贵的品质、崇高的境界。它不仅包含着理解和原谅，更显示着气质和胸襟、坚强和力量。《论语》中孔子说："君子之道，忠恕而已矣。己所不欲，勿施于人。"孟子也指出："爱人者，人恒爱之；敬人者，人恒敬之。"秦国宰相李斯在《谏逐客书》中讲："泰山不让土壤，故能成其大；河海不择细流，故能就其深。"与宽容相对立的是狭隘。农民由于文化程度不高，生活视野狭窄，因此很容易在认识上出现片面性，看问题绝对化和极端化。特别是生活中出现稍不如意就会生气，导致情绪上的冲动性和行为上的莽撞性。按照心理学的观点，人与环境的交流越多、越广泛，人的开放程度越大，心胸越开阔；一个人越是生活在封闭、抑郁的环境里，同环境的交流越少，思想、胸怀也就越容易狭隘。狭窄的空间范围塑造出狭窄的心胸，过少知识经验的输入导致偏激的认识——只见树木，不见森林。在新农村建设中，农民吃亏、被误解、受委屈的事总是不可避免地发生，面对这些，最明智的选择就是学会宽容。因为狭隘必将萌生仇恨，而仇恨犹如一把利剑，伤害别人的同时也同样伤害自己！所以，在新农村建设中，农民具有的个人品德之一就是要学会宽容。学会宽容，世界将会变得更为广阔！正如莎士比亚的戏剧《威尼斯商人》中这样的一段台词：宽容是天上的细雨滋润着大地，它赐福于宽容的人，也赐福于被宽容的人。宽容就是和风细雨，令冰雪消融，生机无限。

　　总之，新农村建设给农民创造了更多发展自己的机会。但是，人的思想总是处于发展变化之中，由于每个人的文化程度、社会阅历、教育背景等又有着很大的区别，这就使人们在运用道德和法律等手段抵制物质利益的诱惑和不良风气的侵蚀、扫除毒化社会风气的种种丑恶现象、净化农村的社会风气、拯救农民的思想时更应该提高农民的道德品质境界。只有帮助广大干部和农民树立正确的人生观和价值观，不断开展社会公德、职业道德、家庭美德和个人品德教育，使农民树立健康文明的生活方式，反对拜金主义、享乐主义和极端个人主义，反对挥霍奢侈的风气，坚决打击农村中的各种社会丑恶现象，才能在新农村建设中营造和谐的新型人际关系，使人们自觉履行法定义务、社会责任、家庭责任，从而培育知荣辱、讲正气、作奉献、促和谐的良好农村的社会氛围。

第九章　社会主义核心价值体系教育

第一节　社会主义核心价值观的提出

党的十九大报告提出，培育和践行社会主义核心价值观。要以培养担当民族复兴大任的时代新人为着眼点，强化教育引导、实践养成、制度保障，发挥社会主义核心价值观对国民教育、精神文明创建、精神文化产品创作生产传播的引领作用，把社会主义核心价值观融入社会发展各方面，转化为人们的情感认同和行为习惯。

一、社会主义核心价值观提出的时代背景

唯物辩证法认为，对于事物的变化发展来讲，内因是依据，外因是条件，外因通过内因起作用。社会主义核心价值观的提出也是内外因共同作用的结果。

（一）社会主义核心价值观的提出是应对国内价值观多元化挑战的必然结果

改革开放以来，随着社会阶层的分化和西方价值观的影响，中国社会价值观也出现了多元化的特点，这当中有不少是与社会主义价值观相背离的腐朽价值观，如拜金主义、享乐主义、极端个人主义等。拜金主义者把获取尽可能多的金钱作为自己人生的最大目标，为此，他们不惜出卖自己的肉体和灵魂。享乐主义者过分强调物质上的享受和肉体上的快乐，奉行今朝有酒今朝醉的原则，"过把瘾就死"是他们的座右铭。极端个人主

义者为了满足个人私欲而不惜损害社会和他人利益，其主要有三大表现：个人本位、自我中心、利己主义。这些腐朽价值观无时无刻不在腐蚀人们的心灵，挑战社会的道德底线。此时中央提出社会主义核心价值观，不仅可以正本清源，清除各种错误价值观的影响，而且可以在全社会形成价值共识，促进社会主义和谐社会的构建。

（二）社会主义核心价值观的提出是抵御西方价值观入侵的需要

自中华人民共和国成立以来，就面临着西方国家和平演变的危险。早在 1951 年，美国中情局就制定了"对华十条戒令"，核心思想是要通过向中国青年灌输西方价值观，达到和平演变中国的目的。1998 年 6 月，美国最大也是对政府决策最有影响的智囊库兰德公司，建议美国政府对华战略应该分三步走，其中第一步就是西化、分化中国，使中国的意识形态西方化，从而失去与美国对抗的可能性。近年来，美国将西方价值观伪装成所谓普世价值观，在世界各地进行兜售，这不能不引起国内"美分党"和各类"带路党"的兴趣。他们或以还原历史真相为名，丑化党的领袖和革命历史；或对中国社会现实问题大肆渲染，鼓动民众对政府的不满情绪。甚至在高校，某些教师也把抹黑中国当成一种时尚，"逢中必讽""逢共必反"，给大学生造成了极大的思想困扰。面对西方价值观的强势入侵，中国必须要有所反应，社会主义核心价值观的提出，无疑在思想防线上筑起了一道抵御西方价值观入侵的钢铁长城。

（三）社会主义核心价值观的提出是建设中国特色社会主义的内在要求

中国特色社会主义建设是经济建设、政治建设、文化建设、社会建设和生态文明建设"五位一体"的统一，其中文化建设不仅是社会主义建设的重要内容，同时也是一个国家软实力的重要体现。加强文化建设必须要把价值观培育放在首位，因为一个国家的文化软实力，从根本上讲，取决于其核心价值观的生命力、凝聚力和感召力。习近平总书记在中央政治局第十三次集体学习时指出：核心价值观是文化软实力的灵魂、文化软实力建设的重点。这是决定文化性质和方向的最深层次要素。一个国家的文化软实力，从根本上说，取决于其核心价值观的生命力、凝聚力、感召力。当今世界流行的一个说法是：一流国家输出文化和价值，二流国家输出技术和规则，三流国家输出产品和劳务。经过60多年的发展，今天的中国已经成为世界第二大经济体，经济建设的成就举世瞩目，但与之不相协调的是，中国的文化软实力相对于经济硬实力来讲还是一个短板，增强中华文化软实力的关键是培育出社会主义核心价值观。可见，社会主义核心价值观的提出，是中国特色社会主义发展到一定阶段的必然结果和内在要求。

二、社会主义核心价值观的提出过程

中国共产党建立开始就以完整的马克思主义作为自己的指导思想，系统地接受了马克思主义的世界观和价值观。社会主义核心价值观的理论基因就是马克思主义的基本理论，尤其是以人为本的理念和价值追求。改革开放以来，中国共产党在认真总结思想文化领域和精神文明建设经验教训的基础上，把马克思主义基本理论与中国传统优秀文化相结合，同时汲取了人类文明的优秀成果，在逐渐深化对社会主义精神文明建设、社会主义核心价值体系认识的基础上，凝练并提出了社会主义核心价值观。

（一）加强社会主义精神文明建设

改革开放打开了中国的国门，与资金、技术和先进的管理经验一同涌入中国的还有西方社会思潮和各种价值观，特别是一些腐朽的价值观念对社会主义主流价值观构成了严重的冲击，社会上出现了拜金主义、极端个人主义等思想，西方自由化思潮也愈演愈烈。为此，邓小平同志提醒全党："实行开放政策必然会带来一些坏的东西，影响我们的人民。要说有风险，这是最大的风险。"为了从根本上筑牢思想防线，从改革开放初期开始，就把加强社会主义精神文明建设作为重要任务来抓。

1982 年，党的十二大充分肯定了精神文明建设的重要意义，认为社会主义精神文明是社会主义的重要特征，是社会主义制度优越性的重要表现，关系到社会主义的兴衰和成败。党的十二大还概括了社会主义精神文明建设的任务，是适应社会主义现代化建设的需要，培育有理想、有道德、有文化、有纪律的社会主义公民，提高整个中华民族的思想道德素质和科学文化素质。1986 年 9 月，党的十二届六中全会专门通过了《中共中央关于社会主义精神文明建设指导方针的决议》，就社会主义精神文明建设的战略地位、根本任务、基本要求、指导思想等作出全面的部署。

1987 年 10 月，党的十三大提出，必须以马克思主义为指导，努力建设精神文明。要努力形成有利于现代化建设和改革开放的理论指导、舆论力量、价值观念、文化条件和社会环境，抵制封建主义和资本主义的腐朽思想，振奋起全国各族人民献身于现代化事业的巨大热情和创造精神。1992 年 10 月召开的党的十四大提出，要坚持两手抓、两手都要硬的方针，把社会主义精神文明建设提高到新水平。1996 年 10 月，党的十四届六中全会讨论并通过了《中共中央关于加强社会主义精神文明建设若干重要问题的决议》，对社会主义精神文明建设的指导思想、奋斗目标、具体要求、投入保障等作出了全面的部署。同时，中央成立了精神文明建设指导委员会加强统一协调工作。

（二）社会主义核心价值体系的提出

进入 21 世纪以来，党中央高度重视意识形态工作，在 20 世纪精神文明建设的基础上，逐步酝酿提出了社会主义核心价值体系。2003 年 12 月，中共中央召开全国宣传思想工作会议。胡锦涛同志在会议的讲话中提出要坚持和巩固马克思主义在意识形态领域指导地位，不断坚定建设中国特色社会主义的理想信念，把弘扬和培育民族精神落实到宣传思想的各项工作中，落实到精神文明建设的全过程。胡锦涛同志在讲话中还强调要宣传和弘扬解放思想、锐意改革、艰苦创业、开拓创新的精神，不断增强中华民族的创造力。胡锦涛同志的讲话实际上已经涉及了社会主义核心价值体系三个方面的内容，即马克思主义指导思想、中国特色社会主义的共同理想、民族精神和时代精神。

2006 年 3 月 4 日，胡锦涛同志在看望政协委员时强调，要引导广大干部群众特别是青少年树立社会主义荣辱观，坚持以热爱祖国为荣、以危害祖国为耻，以服务人民为荣、以背离人民为耻，以崇尚科学为荣、以愚昧无知为耻，以辛勤劳动为荣、以好逸恶劳为耻，以团结互助为荣、以损人利己为耻，以诚实守信为荣、以见利忘义为耻，以遵纪守法为荣、以违法乱纪为耻，以艰苦奋斗为荣、以骄奢淫逸为耻。至此，以"八荣八耻"为主要内容的社会主义荣辱观正式形成。

2006 年 10 月，党的十六届六中全会通过的《中共中央关于构建社会主义和谐社会若干重大问题的决定》明确提出了社会主义核心价值体系的基本内容，即马克思主义指导思想、中国特色社会主义共同理想、以爱国主义为核心的民族精神和以改革创新为核心的时代精神、社会主义荣辱观。2007 年 10 月，党的十七大首次将建设社会主义核心价值体系纳入报告中，认为社会主义核心价值体系是社会主义意识形态的本质体现，并明确提出要把社会主义核心价值体系融入国民教育和精神文明建设全过程，转化为人民自觉追求。社会主义核心价值体系的提出，为社会主义核心价值观的凝练提供了基础和前提条件。

（三）社会主义核心价值观的凝练

进入 21 世纪以来，国际国内形势都发生了深刻变化：西方主要资本主义国家意识形态和文化渗透的深度和广度都在拓展和外延，国内社会思想空前活跃，各种思想观念相互交织，各种文化相互激荡，社会意识出现多样化的趋势。尤其是我国的改革开放进入到一个全面推进和深化的阶段，各种深层次的矛盾日益突出，各种利益的博弈更加激烈。面对全面推进深化改革的艰巨重任，全党上下以及全社会需要统一思想，同心协力，攻克难关。随着对社会主义核心价值体系认识的深化，中央意识到凝练和提出社会主义核心价值观不仅有所必要，而且成为必然趋势。

2012 年 11 月，胡锦涛同志在党的十八大上所作的报告中指出，要加强社会主义核心价值体系建设，深入开展社会主义核心价值体系学习教育，用社会主义核心价值体系引领社会思潮、凝聚社会共识。倡导富强、民主、文明、和谐，倡导自由、平等、公正、法治，倡导爱国、敬业、诚信、友善，积极培育社会主义核心价值观。"三个倡导"分别从国家层面、社会层面和个人层面高度凝练和概括了社会主义核心价值观的基本内容。

2013 年 12 月，中共中央办公厅印发了《关于培育和践行社会主义核心价值观的意见》，就培育和践行社会主义核心价值观的指导思想、基本原则、基本要求等提出具体意见。2014 年 2 月 24 日下午，中共中央政治局就培育和弘扬社会主义核心价值观、弘扬中华传统美德进行第十三次集体学习。中共中央总书记习近平在主持学习时强调，要继承和发扬中华优秀传统文化和传统美德，广泛开展社会主义核心价值观宣传教育，积极引导人们讲道德、尊道德、守道德，追求高尚的道德理想，不断夯实中国特色社会主义的思想道德基础。此后，全党和全社会都兴起了培育和践行社会主义核心价值观的高潮。

迈入 2019 年，社会主义核心价值观的培育与践行，需要贯穿始终。在"落细、落小、落实"上下功夫，在每一次选择、每一个行动中体现，才能不断增强社会主义核心价值观的向心力和感召力。

第二节　社会主义核心价值观的基本内容

社会主义核心价值观的基本内容是党的十八大首次提出来的，党的十八大报告指出，倡导富强、民主、文明、和谐，倡导自由、平等、公正、法治，倡导爱国、敬业、诚信、友善，积极培育和践行社会主义核心价值观。中共中央办公厅印发的《关于培育和践行社会主义核心价值观的意见》明确指出："富强、民主、文明、和谐是国家层面的价值目标，自由、平等、公正、法治是社会层面的价值取向，爱国、敬业、诚信、友善是公民个人层面的价值准则，这 24 个字是社会主义核心价值观的基本内容，为培育和践行社会主义核心价值观提供了基本遵循。"以"三个倡导"为基本内容的社会主义核心价值观，与中国特色社会主义发展要求相契合，与中华优秀传统文化和人类文明优秀成果相承接，是中国共产党凝聚全党全社会价值共识作出的重要论断，它回答了要建设什么样的国家、建设什么样的社会、培育什么样的公民等重大问题。

一、国家层面的价值目标：富强、民主、文明、和谐

富强、民主、文明、和谐作为社会主义核心价值观在国家层面的要求，分别针对社会主义经济、政治、文化、社会建设领域，各自代表了其中最重要的价值，各有其特殊地位和作用。

富强是民富国强的简称，是社会主义核心价值观的首要价值目标，它内在地包含着人民与国家两大主体的价值诉求，即人民富裕和国家强大。这两者之间不仅不矛盾，而且相得益彰。民富是国强的基础和前提，"治国之道，必先富民"。没有民富的国强只能是昙花一现的穷兵黩武，就像历史上的蒙古帝国，虽然可以凭借蒙古铁骑横扫亚欧大陆，但终因民生凋敝，仅仅

维持不到一个世纪就土崩瓦解。国强是民富的政治保证，没有强大的国家作后盾，富民只能是任人宰割的羔羊。如北宋商品经济发达，人民生活总体富裕，但由于缺乏强有力的国家政权保护，最终在外敌入侵时背井离乡、流离失所。社会主义的富强观在民生领域主张共同富裕，从而避免了西方国家总体富裕外表掩盖下的两极分化，在国际关系上主张构建和谐世界，克服了西方国强必霸的局限，因而赢得了世界各国的尊重。

民主的本意是人民当家作主，作为一种价值理念，民主是社会主义的本质属性和内在要求，所以邓小平同志指出："没有民主就没有社会主义，就没有社会主义的现代化。"党的十八大报告也强调：人民民主是社会主义的生命。马克思主义认为民主是有阶级性的，阶级社会的民主不过是统治阶级内部的民主，对广大人民群众来说则只有专政，因而是少数人的、虚伪的民主。德国哲学家哈贝马斯认为，资本主义民主只是在形式上保障每一个公民的平等权利，这种权利的实际结果却是每个人都拥有在桥梁下睡觉的平等权利。对于社会主义来讲，民主是其本质属性和内在要求。从享有主体来看，社会主义民主覆盖了绝大多数劳动人民，因而是最广泛的民主；从真实性来看，由于消灭了生产资料私有制和阶级压迫，为广大人民群众平等地行使民主权利创造了可能，因而是真实的民主。当然，由于社会主义制度在我国建立只有60多年，社会主义民主的实现也是一个不断进步完善的历史过程。

文明指由人们的思想水平、政治素质、道德修养、社会风气、行为规则、发展理念所构成的一种精神状态和发展境界，它是社会主义的重要特征。作为一种价值取向，文明主要是指思想上的进步和文化上的先进，它是社会进步和国家发展的重要标志。社会主义文明观主张以人的自由全面发展为最高价值目标，通过大力发展社会主义先进文化，建设社会主义精神文明，全面提升社会文明开化的水平。江泽民同志指出，社会主义优越性不仅体现在经济政治方面能够创造出高度的物质文明，还体现在思想文化方面能够创造出高度的精神文明。贫穷不是社会主义，精神生活空虚、社会风气败坏也不是社会主义。习近平总书记认为，实现中国梦必须弘扬中国精神，这就是以爱国主义为核心的民族精神和以改革创新为核心的时代精神。这种精神是凝心聚力的兴国之魂、强国之魂。把文明作为中国特色社会主义核心价值，内在要求加强社会主义精神文明建设，繁荣社会主义文化，提高中华民族的思想道德素质和科学文化素质。

和谐是中国特色社会主义的本质属性。从字面上看，和谐是指人人有饭吃、人人能说话，意指经济发达、政治民主这样一种社会状态。从哲学上讲，和谐指事物协调、均衡、有序的发展状态。和谐社会就是说社会系统中的各个部分、各种要素处于一种相互依存、相互协调、相互促进的状态。其主要内容为人与人的和谐、人与社会的和谐、人与自然的和谐。社会和谐是古今中外人们都向往和追求的理想社会状态，但是在生产力水平低下、阶级压迫的状态下，和谐是无从谈起的，为了解决基本的生存问题，人们不能不向自然界开战，过度的索取往往导致自然界加倍的报复。由于私有制的存在，阶级压迫和阶级斗争成为社会发展的常态。只有进入共产主义社会，社会和谐才有可能真正实现。由于共产主义消灭了生产资料私有制，也就从根本上消灭了阶级压迫的根源，人与人之间才有可能维持和谐的关系。通过确立科学发展观，大力发展生态文明，人与自然之间最终也实现了和谐共处。

二、社会层面的价值目标：自由、平等、公正、法治

自由、平等、公正、法治是社会主义核心价值观在社会层面上的价值取向，是立足于社会集体层面对社会主义核心价值体系的高度凝练，它对于激发社会活力、促进社会发展具有特

殊的意义。

自由是一个内涵丰富的概念，在生活中，自由往往是指摆脱束缚、无拘无束的自在状态。在政治哲学中，自由又常用来指代国家赋予公民的权利。西方国家把自由作为普世价值观的第一条加以推广，殊不知这种自由是打了折扣的自由，或者更确切地说是一种虚伪的自由。从表面上看，资本主义国家的公民都是自由的，法律保障每一位公民的权利不受侵犯，但由于私有制和阶级压迫的存在，对于占人口绝大多数的工人阶级来说，可以有选择不被这个资本家剥削的自由，也有选择不被那个资本家剥削的自由，但却无权选择不被整个资产阶级剥削的自由。资本主义自由对于工人阶级来说只能是戴着脚镣的舞蹈。反观社会主义把构建自由人联合体作为自身的奋斗目标，把每个人的自由发展看成一切人自由发展的先决条件，从而实现了最广泛、最全面的自由。

平等是指人们在经济、政治、文化等方面享有同等的权利，主要包括权利平等、机会平等以及结果平等。社会主义核心价值观所倡导的平等，是通过平等的社会机制和价值引导，既保障公民个人享有平等的权利，也保障每个人基于社会贡献所要求得到的权利、利益和尊重。坚持法律面前人人平等，任何组织和个人都没有超越宪法和法律的特权。由于社会主义消灭了私有制和阶级压迫，人与人之间不仅在政治上是平等的，而且在经济上也是平等的。资本主义虽然也强调平等，但主要是指政治上的平等，由于资产阶级占有生产资料，广大工人只有靠出卖自身劳动力才能维持生存和发展，因而在经济上是不平等的。根据历史唯物主义的观点，经济基础决定上层建筑，没有经济上的平等，也就没有真正意义上的政治平等。如美国总统选举虽然从法律上讲符合条件的公民都可以参选，但高达10多亿美元的竞选成本显然不是普通工人能承担起的。

公正，即公平、正义，公平主要指权利公平、机会公平、规则公平以及分配公平等，正义主要指制度正义、形式正义以及程序正义等。社会主义核心价值观所倡导的公正，是加快建立以权利公正、机会公正、规则公正为主要内容的社会公平正义保障体系，努力营造公平正义的社会环境，从而在更加公平正义的基点上造福全体人民。中国共产党自创建之日起，就将实现和维护社会公正作为己任。新中国成立后，毛泽东同志提出公私兼顾、劳资两利以及城乡兼顾等观点，蕴含着公正的思想。邓小平同志认为，只有社会主义才能消除资本主义和其他剥削制度所必然产生的种种贪婪、腐败和不公正现象。

法治，即法的统治，与人治、德治相对。法治主要包含形式意义的法治和实质意义的法治。形式意义的法治，强调依法治国、依法办事的治国方式、制度及其运行机制。实质意义的法治，强调法律至上、法律主治、制约权力、保障权利的价值、原则和精神。法治是形式意义的法治和实质意义的法治的统一体。社会主义核心价值观所倡导的法治，是坚持党的领导、人民当家作主和依法治国的统一，通过建立健全全社会学习、遵守、维护、运用宪法法律的制度，始终坚持法律面前人人平等，让遵法守法成为一种良好的社会风气和自觉的行为习惯，让人民群众在法治社会中享受到自由、平等和公正。

三、公民层面的价值目标：爱国、敬业、诚信、友善

人民群众是社会主义的建设者，同时也是社会主义核心价值观的践行主体。爱国、敬业、诚信、友善是从当代公民的政治、经济和社会生活中提炼而来，与中国文化传统的理想人格一脉相承的价值理念，因而是我国公民的基本价值准则。

爱国作为公民的一种情感归属，反映了个人对国家的依存关系。爱国不是抽象的，而是具体的，爱国就要爱祖国的大好河山和历史文化，爱自己的骨肉同胞，离开了这些去抽象地谈论爱国是毫无意义的。爱祖国就要把国家和人民的利益放在首

位，心系国家的前途和命运，为实现中华民族伟大复兴的"中国梦"贡献力量。爱国具有时代性，在古代主要表现为忠君，在近代主要表现为唤醒中国这头睡狮，在现代则主要表现为建设中国特色社会主义。当今的爱国主义要排除狭隘的民族主义，要尊重他国体制，要学习国外的先进经验，要理性合法地表达爱国热情。爱国的这种责任与情怀，在价值多元化、利益个体化的当今社会，能有效引导和规范社会价值观的培育。爱国这一基本价值观，统摄和规范多元价值的发展及其影响；也能整合社会力量，让多元价值、多元主体在爱国中，勠力同心，在社会主义道路上坚定自信地前行。

敬业是职业道德的集中体现，是展示劳动尊严的基本前提，是证明社会价值的有力证据。任何社会的生存与发展，都离不开千百万劳动者的辛勤工作，所有国家都把敬业列为公民基本道德规范之一。判断一个公民是否做到敬业，关键看两点：首先，是否热爱本职工作。只有公民发自内心地热爱本职工作，才会在工作中迸发出创造热情，进而为社会提供更多的高质量的劳动成果，社会才会因此得以进步。反之，如果一个社会因为制度设计的缺陷或其他某种因素，导致劳动者普遍丧失工作热情，在岗位上敷衍塞责，人浮于事，长此以往，社会必将丧失生机与活力。其次，是否做到勤勉努力。要想干好工作，只有热情还不够，还需要持之以恒地勤勉付出。作家葛拉威尔说过：只要经过一万个小时的锤炼，任何人都能从平凡变成超凡。爱迪生也说：天才是百分之一的灵感加百分之九十九的汗水。

诚信包括诚与信两个方面。诚有两层意思：一是真实，即忠实于事物本来面貌，不因个人利害关系进行歪曲取舍；二是诚恳，即忠实于自己的内心，不因惧怕付出某种代价而去扭曲自己的内心。信从字面看是指一个人要说话算数，对自己的承诺负责，言而有信。诚与信两者不能直接等同，诚是一种内在的德性和修为，强调的是静态的真实；信是一种外在的确认和表达，强调的是动态的坚守。诚与信之所以往往一起连用，是因为两者之间有着非常紧密的关系。内在的德性与修为只有通过外在的言行才能加以反馈和确认，而外在的言行没有内在的涵养作为支撑也难以持久。因此，诚是信的基础，信是诚的结果。诚信不仅是中华民族的优良传统，同时也是构建社会主义和谐社会的基本要求。对于公民个人来讲，没有诚信，将一事无成；对于整个社会来说，失去诚信，将摧毁整个社会根基。坚守诚信品质能使公民免受不良风气的侵蚀，提高社会信任度，促进社会信用机制的建立，能在源头上化解和防止由社会信任缺失引发的一系列问题，从而使社会能以低成本运行。

友善的本意是像朋友一样善良，它内在地包含了三个维度：与己友善，与人友善，与自然友善。与己友善，主要是指心灵的和谐，不干违心的事，这是消除焦虑、缓解压力的不二法门；与自然友善，主要是指人类要对自然抱有敬畏之心，不要盲目开发自然，更不要人为破坏自然，而要在与自然和谐相处中探寻人类可持续发展的途径。社会主义核心价值观强调的友善主要是与人友善。与人友善并非一团和气，息事宁人，粉饰太平，而是基于理解与包容的一种开明的心态与豁达的气度。与人友善的前提是平等待人，而不是因人而异，看人下菜碟；友善的直接体现是助人为乐，友善并不要求公民在超出自身能力之外关心他人，而是指在力所能及的范围内帮助他人解决问题；友善的最高境界是待人如己，成人之美，"老吾老以及人之老，幼吾幼以及人之幼""己欲立而立人，己欲达而达人""己所不欲，勿施于人"。

社会主义核心价值观的三个基本层次是有机联系、内在统一的。富强、民主、文明、和谐是中国特色社会主义的基本价值追求，它体现的是我国经济建设、政治建设、文化建设、社会建设和生态文明建设的内在发展要求；自由、平等、公平、法治是中国特色社会主义的基本社会属性，它体现的是我国作为中国特色社会主义社会的总体价值趋向和整体目标要求；爱国、敬业、诚信、友善体现的是社会主义国家全体公民的基本价值追求和道德准则要求。上述三个层次的核心价值观相互联系、相互贯通，集中体现了国家、集体和个人在价值目标上的统一，体现了国家目标、社会导向和个人行为准则的统一，是马克思主义价值理论中国化的最新成果。

第十章 传统文化教育

第一节 传统文化的理论

一、文化与传统文化

（一）文化与文化理论

文化是一个非常广泛的概念，给它下一个严格和精确的定义是一件非常困难的事情。造成"文化"概念不确定性的原因主要有两个：一是研究的多视角，二是文化本体的多形态。首先，文化是人类社会共同建构的产物，同样一个文化现象，不同研究者的视角与学科背景不同，通过言语给出的描述也不一致，使得观察者对主体的表述多样化。由于存在个体差异，即使是具有相同学科背景与研究视角的研究者对同一文化客体也不能达成完全一致。从这个意义上讲，文化是没有确定本体的，故而很难给出一个稳定的、一成不变的文化概念。其次，文化现象异彩纷呈，随着人类社会的发展，文化形式及表现越来越复杂多样化，旧文化与新文化共同呈现在世人面前。文化的存在是二维的，无处不在，无时不有。简单用一个极具抽象意义的言语概念表述一种多形态、多维存在的人类现象实在是一件难事。定义是一种高度概括性的概念表述，抽象性与准确性是概念的基本旨趣，概念越准确，表述就越抽象。基于此，历代不少哲学家、社会学家、人类学家、历史学家和语言学家一直努力，试图从各自学科的角度来界定文化的概念。然而，迄今为止仍没有获得一个公认的、令人满意的定义。据统计，有关"文化"的各种不同的定义至少有两百多种，文化概念之难，超乎人的想象，就连人类学泰斗、英国人类学家爱德华·泰勒也很难给出一个具有高度概括性的定义，他也只是采用列举的方式将文化定义为"包括知识、信仰、艺术、法律、道德、风俗以及作为一个社会成员所获得的能力与习惯的复杂整体"，其核心是作为精神产品的各种知识，其本质是传播。文化是人类社会特有的现象。文化是由人所创造，为人所特有的，有了人类社会才有了文化，文化是人类社会实践的产物。

总的来说，文化既是一种社会现象，又是一种历史现象，是社会历史的积淀物。文化是与人类有关的一切物质创造物与精神创造物，与人类的生产生活有密切的关系，是人类直接或间接的创造物。任何一种文化现象都存在于二维的时空中，文化现象一旦形成就具有了空间扩张力与历史生命力，每种文化都力图获取更大的生存空间以扩大自己的影响。在时间上延续生命是文化发展的价值归依。那么，到底什么是文化？从其表象上看，文化包括人类的历史、地理、风土人情、传统习俗、生活方式、文学艺术、行为规范、思维方式、价值观念等。这些现象都是人类活动的产物，具有一定的空间影响力与历史穿透性。

文化伴随人类社会发展始终，自从有了人就有了人类文化，然而，并非有了文化就有了文化研究。文化研究必须以文化意识为前提，文化意识的产生需要以人类智力的发展及一定的历史条件与经济物质条件为前提。

近代文化研究始于19世纪，已有两百余年历史。尽管文化研究自一开始就遵循了逻辑归纳的研究思路，但是却一直深陷缺乏统一定义与研究范式的困境。文化研究一路走来，困难重重，但也硕果累累，产生了许多文化理论，形成了众多学术流派，主要有进化学派、传播学派、历史学派和社会学派等。

（二）文化变迁与传统文化

文化变迁指人类文化所发生的一切变化，包括文化生活、文化内容、文化制度和文化观念等。文化变迁的类型和理论非常丰富，有进化论、传播论和文化现代化理论等。在这些理论中，文化进化论受争议最大，但影响却最为深远。文化进化论分为古典进化论与新进化论两个阶段，始于 19 世纪的古典进化论认为，人类社会的发展要经历从原始社会到文明时代的发展，其间的每一个环节都不可逾越，呈现一种依次递进发展的形态，是一种典型的单线进化。20 世纪 40 年代以来，新进化论提出了一般进化、特殊进化、文化发展能量理论和文化生态学等新观点。1955 年，斯图尔德提出，人类文化的发展具有不同的层次，相同的文化层次由一些不同的文化类型组成，但其变化却是基本相似的。文化进化论认为创新是进化的根本源泉，生态适应是一种进化机制。文化传播理论则认为人主要是模仿而非创造，生物行为及其他类型的人类文化都会成为模仿的对象，因此，传播论者认为人类文化的变迁是由于模仿对象的改变或模仿形式的变化而引起的。为此，世界上不同文化类型尽管形态各异，但是它们之间总会有千丝万缕的关系。

传统文化的概念，具有三个层面的内涵。首先，它体现了一种时间内涵。一种文化只有当它成为历史的时候，才有可能成为传统文化。文化如何成为历史，文化变迁是原动力。没有变迁，就无所谓新旧，也就没有传统而言。也可以这么认为，变迁的结果就是传统文化的诞生。其次，传统文化，同样是被人所建构的，是一种反思性的概念。传统文化具有很强的价值判断色彩，进行判断标准是当下的与现实的，也是随着历史的发展而不断改变的。传统文化中既有优秀的文化传统，也有束缚人类社会发展的糟粕。实际上，就特定群体而言，诸如每个民族、部族、家族等都有一种冲动，那就是总是企图保留传统文化中最适宜时下的部分使其成为优秀文化传统，而摒弃那些不合时宜的部分，这样就使可以继承并进行价值选择的文化越来越少。最后，传统文化就如它的源概念"文化"一样，也具有形态多样性的特点，是一种文化遗存，仍将在社会生活的多个领域起着不可忽视的作用，对时下社会的发展既是一种制约也是一种动力。传统文化既可以将时下社会的发展拖入历史的"坟墓"，也可以使时下社会的发展建基于传统，社会发展更为厚实、更具内涵。传统文化就像一位让人琢磨不透的"双面人"，既可以解构也可以建构。因此，如何使传统文化促进时下社会的发展就成为一个新的课题。

二、对农村传统文化教育活动的研究

对农村传统文化教育活动进行研究旨在探索农村优秀传统文化教育的原理和客观规律，或者检验农村优秀传统文化教育过程及相关理论的真实性。目前，我国学者对农村优秀传统文化教育的研究主要从三个维度展开，分别是农村中小学传统文化教育模式、新农村建设与农村文化产业的发展。

农村青少年学生是农村素质教育的主体，教育成果直接关乎未来农村社区整体素质的高下。因此，国内有些学者将研究的对象集中到农村中小学生身上也是很自然的事情。这类研究者中既有专业的教育科研人员，也有来自一线的中小学教师。王思敏等的《探析农村小学传统文化教育模式》一文认为，当前我国农村传统文化教育模式太过于模式化，热衷于"本本主义"，将传统文化教育简单化为背诵经典。这种模式最初的确促进了农村传统文化经典教育的复苏，但面对日益多元化的农村文化环境时，这种极具经验性的模式还是显示出了自身的不足，禁锢了农村传统文化教育的推进。该文通过对辽宁省鞍山市农村学校的传统文化教育进行实证研究，并对当前农村传统文化教育中的弊端进行了分析，认为提高农村学生的整体素质离不开传统文化的教育，主要应从三个方面推进农村学生的传统文化教育：首先，教师与家长要提高自身传统文化修养，具有发现并意识到传统文化价值的能力；其次，学校要改变评价标准，提升传统文化的习得在学生整体素质考核中的权重；最后，强化家庭教育在传统文化教育中的作用。

李晓琴的《农村传统文化在新农村建设中的转变》一文认为，我国农村的文化现状是传统文化受到现代文明"华丽外表"的冲击，地位下降。在这个重感觉轻内涵的时代背景下，农村传统文化的魅力悄无声息，逐渐出让了"话语权"。建立在现代理性基础之上的主流先进文化，并没有得到有效的普及，在农村文化教育领域出现了"真空地带"。在此背景下，应该发扬传统文化在活跃社区文化生活中的作用，让群众能够看得见、摸得着，逐渐提高传统文化的地位。此外，还要在农村建立一种有效机制，使先进文化能够与传统文化进行有效融合，使先进文化借助群众易于接受的传统文化形式占领文化"真空地带"。这种结合的结果就是，传统文化寻得了现代生存空间，具有了未来指向，而先进文化的发展也更具根基与内涵。

我国是一个多民族国家，民族地区的传统文化更为丰富，在农村社区中占有更大的话语权，与农村社会的发展更为密切。因此，部分学者将研究目的放在了民族地区农村传统文化教育与新农村建设的关系考察上，这无疑具有一定高度。高宏慧的《临沧少数民族传统文化与民族地区新农村建设》是类似实证研究文章中的佼佼者，论述内容全面，逻辑性强，具有很好的参考价值。该文认为，云南临沧地区民族文化历史悠久，底蕴深厚，是农村新文化建设的重要依托。临沧地区在新农村建设中非常注重传统文化的保护与传承工作，主动推出以"世界佤乡·秘境临沧"为主题的传统文化品牌，建立了专门的学术研究机构，并与高校合作开展了地域文化研究，在学术层次上确立地域文化的合法性，从高层次上扩大了佤乡传统文化的影响力。临沧地区还组建了民族传统文化展演团队，将地域性文化推向国内外，扩大其生存空间。但当代传统文化的发展也面临危机，诸如民族文化自觉意识差、资金投入不足、硬件设施差、民族传统文化面临断层危机等问题同样困扰着临沧地区。在当代社会，民族传统文化的顽强坚守，离不开政府支持及相应的政策与资金支持。该地区在注重新农村建设，从传统文化汲取营养的同时，也积极弘扬保护民族传统文化，为此制定了相应的法律法规，加强研究队伍建设及建立民族传统文化示范项目与示范点，最终目的还是要将该地区的传统文化发展与新农村建设紧密结合起来，建立一种和谐共生、共同促进、共同发展的"临沧模式"。

前些年，学界及各地政府普遍被一种文化发展思路所左右，那就是"文化搭台，经济唱戏"，现在看来，该模式弊端多多，在实践中出现了一些问题，受到了学界的批评。然而，评价一种现象，既可以采取"以后观前"的反思性视角，亦可以采取"沉入"其中的研究视角，两种不同的视角，其观察的结果也是完全不同的，前者往往是经验总结性的，后者一般侧重于为实践进行辩护。但无论如何，传统文化借助市场进行运作的文化产业却是异军突起，自然也引起了研究者的注意。刘锐的《弘扬民间传统文化，促进农村文化产业发展》一文对我国农村文化产业发展现状进行了深入剖析，认为在民间传统文化资源丰富的地区大力发展文化产业可以转移农村富余劳动力，也可以缓解政府资金压力，这样也利于更好地保护传承民间传统文化。然而，当前农村传统文化的发展不容乐观，问题重重，主要表现为不顾实际，盲目开发；规模小，竞争力弱；缺乏品牌意识等。所以，政府应该培养专职人才，引进先进管理技术，打造品牌，积极培育市场来实现农村地区传统文化产业化发展之路。

第二节 传统文化的理性思考

世界上有多少族群就有多少种文化，随之也就有多少种传统文化。如果摒弃文化进化论的观点，那么世界上各种文化没有优劣之分，只有发展阶段的不同。这就奠定了正确看待传统文化的认识论，最起码从两个方面给我们以指导。一方面，任何民族的文化都会有走入历史的时候，在这无关乎某一特定文化的先进与否，先进性也是具有历史向度的。另一方面，就是任何民族的文化都是建立在对传统文化的继承基础上的，如果离开传统文化，时下的文化就会成为无源之水、无本之木。传统文化自身并无优劣之分，其价值属性是时下建构的，过去曾经的主流文化可能为时下所摒弃，而过去的非主流文化也可能在新的历史时期获得大的发展，从而有机会跻身时下的主流文化。这种认识论的重要启示有两点：一是应该像珍视当代文化一般来看待传统文化；二是在审视传统文化的时候要具有文化平等的意识。

文化是精神的载体，精神是民族的灵魂。人们不能丢弃自己的传统文化。在现代化过程中，有些民族或国家采取偏执的态度，对传统文化进行否定，力图全面融入西方现代文明，其结果是西方文明不接受，自己因为丢弃民族文化而失去了精神家园。亨廷顿指出，这种不愿意认同自己原有文明属性，而又无法被它想加入的另一文明所接受的自取其辱状态，必然会在全民族形成一种在文明上、精神上无所归宿的极端沮丧感。而纵览一部世界史，一个民族的崛起或复兴，常常以民族文化的复兴和民族精神的崛起为先导。一个民族的衰落或覆灭，则往往以民族文化的颓废和民族精神的萎靡为先兆。

一、传统文化发展的客观环境

任何一个民族在任何时期都会面临一个问题，就是如何审视自己的历史。文化是历史的重要内容，如何对待已经走入历史的文化就成为人类反思行为的重要内容和活动。反思的目的不只是追忆，更为重要的是为传统文化找出发展的方向及路径，其中最核心的就是找出传统文化当代发展的战略要点。文化的发展与政治、经济与社会发展阶段有密切关系，因此探讨传统文化的发展离不开对其历史、现实与未来环境的考察。

（一）农村传统文化发展的历史环境

农村传统文化发展的历史环境与我国传统文化发展的历史环境基本是一致的。很难对我国农村传统文化的发展进行严谨的阶段性划分，但如果遵循实证主义的研究传统，也可大体将我国传统文化的发展划分为三种类型。可以把五四运动、新中国成立和改革开放作为三个"节点"，将我国传统文化的发展划分为四个阶段。第一个阶段是五四运动以前，这一时期，文化的发展呈现一种自然更替的状态，属一种原生态的变迁。只要有文化变迁就会制造传统文化，引起文化变迁的主要领域集中在宗教精神领域，生活文化的改变往往要慢于前者。佛教及伊斯兰教等的传入，与原有的儒家文化、道家文化进行融合，形成了独具特色的中华传统文化，这种多元文化形态共生的局面也呈现在传统农村社区。谈起传统文化，宗教文化是不可回避的主要内容。五四运动至新中国成立这几十年时间，中国传统文化的发展依然强健，尽管受到了西方文化的影响，但是社会整体的文化属性并没有发生大的变化，尤其在农村地区依然如故。这一时期，思想文化界对传统文化造成了较大冲击，由于社会的基本属性没有发生根本改变，这种冲击对传统农村社区成员造成的影响极为有限，甚至可以说，除了部分革命人士有意识启蒙的地区以外，农民基本上没有参与或感觉到这种文化变迁。即使有变迁，也是思想等局部领域的改变，在日常的经验世界中，文化的改变并不显著。这一时期形成了一个断裂，那就是社会精英由于具有更多接受国外文化的机会，而改变了视角有意识地重新审视自己的传统民族文化，其思想也离传统日渐远去。以胡适为代表的西化文人和以毛泽东为代表的共产主义者皆如此。这一时期社会精英人士引发的思想运动在中国传统文化发展史上第一次形成了真正意义上的"文化断裂"。

最为剧烈的文化变迁有赖于历史环境的巨大改变。1949年，新旧政权的更迭不同于以往任何一次社会变革，文化的变迁更为彻底。新中国成立后，新的思想意识形态对中国社会进行了彻底的、全方位的改变，从政治到经济，从思想到文化，涉及了几乎所有领域。这种政治变迁导致的文化变迁最为重要的就是逐步否定传统文化的价值，使其丧失存在的合法性，曾经主导中国几千年的传统文化终于被"标签化"，沦为日趋尴尬的境地。离开了社会精英的支持，传统文化曾经的辉煌逐渐黯淡下来。从总体上看，新中国成立之初党和政府能够正确认识与评价传统文化的作用与地位，并为保护传统文化做了许多工作。随后由现实问题接二连三地引发的政治运动并没有对传统文化的发展造成更多阻碍，反而为后者的发展赢得了一定的生存空间。给传统文化带来灭顶之灾的是"文化大革命"中的"破四旧"扩大化的一些教条做法。

改革开放以后，我国确立了"一个中心，两个基本点"的基本发展思路，社会发展逐渐进入了良性状态。改革开放是新中国成立以后进行的一次大的社会变革，自此中国政治告别了在"运动"中前行的路子。上层发展思路的改变引起了社会各领域的改变，其最终结果已经远远超出一般的社会变迁，社会各领域都经历了一次翻天覆地的改变。如何对待传统文化这一问题，重新进入了高层及学者的视野。在民间，尽管百姓对传统的习俗已经日渐生疏，但还是热衷于对传统的回忆，这种感情是一种文化继承、一种人为难以割舍的民族亲情，借助这种微弱的回忆，已经忘却自己是谁的大众百姓重新恢复了记忆，确立了自己作为中华民族一员的民族身份。这一时期，传统文化的发展同样是由社会政治所主导，但这种地位变化并不是要使传统文化重新走上"神坛"。传统文化在新时代的复苏与发展有两个前提：一是必须承认社会主义文化的先进性及主流地位；二是与时俱进，采取合适的方式完成与社会主义先进文化的融合，服务于新的历史时期。传统精神文化与物质文化的现代化被提上了日程。

（二）农村传统文化发展的现实环境

改革开放以后，传统文化发展面临两大现实问题。一个现实问题是工业革命以来，科学理性及实证主义盛行于世，现代化的发展极大地推进了人类社会的发展；但在欣喜若狂之际，人类赖以生存的地球变得像一个衰弱的"病态"老人，可以说，沿着科学主义的道路，人类更早地迎来了地球母亲的"老龄化"。环境问题、臭氧问题及人口问题都困扰着人类的发展，人类最初希望用科学解决问题，但收效甚微。"解铃还须系铃人"，人类又转而求助于主体人类自己，但是已经被科学主义所武装的人类不能使自己清醒，人类总会为自己不负责任的行为找到所谓的科学借口。如何制止人类的不理性，许多学者及政治家不得不重新考虑走下神坛的传统，来自这方面的压力在中国更为明显。传统文化中有很多不理性的、不科学的东西，但却有着重要的经验价值，对实践有着很好的方法论指导意义。此外，传统宗教与科学居于人类认识连续线的两极，具有一定的矛盾性，然而，在现实中宗教却能够使近乎痴狂的人类行为逐渐冷静下来，让人类重新郑重其事地思考什么是"幸福"，这些都能够使人类反思科学理性的合法性。改革开放以后，我国社会各方面都取得了巨大进步，但也出现了一些问题，同样面临如何解决这一问题的困境。于是，借助传统文化思想来教育当代人就成为解决现实问题的一条有效路径。

另一个现实问题来源于政治。宪法规定我国是一个社会主义国家，社会主义文化是主流文化，而传统文化属于民间亚文化。实践证明，过去那种"保主流、压非主流"的文化发展路线，无论在理论上还是在实践中都是行不通的。社会主义文化是一种基于科学理性基础之上的先进文化，这对于那些文化水平不高的普通大众，尤其是农民百姓来说，接受起来存在一定困难。由于科学社会主义从诞生至今不过百余年，其思想体系日渐丰富，作为一种学说，其合理性毋庸置疑。但理论是一回事，实践又是另外一回事，两者既有联系，又有很大的区别。合理性的理论如何从精英阶层变为全民性的思想，这中间需要一个转换的过程，而世界社会主义运动没有提供更多有价值的参考，因此只能求助于已经与人民大众和谐共处了几千年的传统文化，后者的路径选择及思路完全可以作为新时期推广社会主义先进文化的借鉴。因此，传统文化与社会主义先进文化的融合是不可避免的，这既是时代的需要，也是传统文化求得自身发展的不二选择。

（三）农村传统文化发展的未来环境

我国农村传统文化发展的未来环境与我国社会发展的未来环境是基本一致的。传统文化发展的价值旨归应该是实现传统文化的现代化，文化现代化的重要主体就是传统文化，据此看来，我国真正实现传统文化的现代化应该基本完成于 2050 年前后。传统文化发展的道路就是与时俱进，实现现代化，成为社会发展的动力。目前，各国传统文化尽管不存在优劣之分，但却有性质的区别，对外来文化的接受也存在差异。有些民族的传统文化对于外来文化能够积极包容，能够顺利实现文化融合，而有的民族文化则表现出了极力"抵抗"的态势，最后的结果往往会导致某一方的文化灭绝。而中国传统文化历来就是包容的、开放的。人们今天所津津乐道的传统文化也是文化融合与发展的结果。因此，不能出现一种错误认识，即凡是传统文化浓厚的民族或国度，其传统文化的现代化进程就一定很慢。事实证明，中国传统文化体系对外来文化历来都是积极开放的，尤其是思想领域更是如此。

未来传统文化发展既包括其内在核心价值的发展演化，也包括其外在展现的发展，具体应该在以下领域展开，包括传统文化的生产、保护、传播、消费及内涵的与时俱进，其中后者最为重要。传统文化发展的未来方向应该是：传统文化积极参与当代社会发展，依据时代需要对传统文化作出阐释，增强传统文化的时代魅力，以提高传统文化的可利用性；培养更多的受众群体，增强传统文化的可接受性；运用现代传播媒介，积极传播传统文化，以提高传统文化的可得性。传统文化的发展必须依赖宏观层面的社会政治经济的发展，只有在这个范畴内探讨才有现实意义，传统文化要彻底融入现代社会发展的进程中，有赖于我国文化现代化进程，当我国彻底实现了文化现代化的时候，也就是传统文化"返老还童"的日子。

未来我国农村传统文化发展的社会文化环境分析，应该涉及未来农村文化的五个方面，分别是文化特征、文化结构、文化制度、文化互动和与农村相关的重大文化事件。

（1）文化特征。我国未来农村文化特征除了具有与世界及我国文化特征相似性以外，还具有自身的特殊性。未来世界是文化多样性与文化收敛性并存，后者主要是指某种文化不断发展强大，其他文化相比地位随之下降，这是一种文化平等竞争的结果。但是，过程却是残酷的，优胜劣汰是主要特征。知识和生态文明将成为人类文明发展的前沿水平和发展方向，第一次现代化所推崇的某些精神受到质疑。这些全球共同性的文化发展特征是我国农村传统文化发展的大环境。

在这种大环境下，我国农村由于传统文化的主体及受众群体异常庞大，对于已经呈现现代性危机的社会文化具有很强的抵制作用，在一定程度上，对于极具霸权意识的文化收敛性有着极好的解构功能。我国有几千年的传统文化，根深蒂固，影响极为深远，已经成为一种民族集体无意识的保存，在反思现代性的国际背景下，对于文化多样性具有很好的建构意义。

（2）文化结构。我国农村的文化结构是不均衡的，表现在多个方面，语言的、宗教的、文化产品的和文化传播的。这种多方面的文化结构不均衡主要表现在城乡之间，这虽然限制了农村文化的现代化进程，但是却为农村传统文化的发展提供了必要的空间，保留了最后一块阵地。网络文化，以其无所不至的扩展能力，在农村将拥有越来越多的受众群体，原来难以进入传统乡土社会的现代文化借助网络能够快速有效地扩大影响力，对农村传统文化造成了一定的冲击，但也为传统文化与现代文化的融合提供了一个好的舞台。

（3）文化制度。受制于大的国际环境及现实需要，目前我国传统文化的政策性规定还会得以继续。弘扬民族传统文化仍是我国文化政策的主要内容，农村传统文化资源异常丰富，是传统文化保存与展演的重要舞台，对于推动传统文化发展作用巨大，也必将引起国家的重视。在农村确立社会主义核心价值观仍将是我国文化政策的重要目的。

（4）文化互动。未来几十年，我国城乡之间的文化冲突、交流与合作并存，文化交流与融合为主，文化冲突在短时期内还可能存在，但不是主流。文化中心化的主体既可以是城市，也可以是农村。在我国一些地区，这两种主体不同的文化中心化都可能产生，这主要依赖于不同的文化发展思路与某一文化的顽强坚持。文化中心化的结果之一就是文化的边缘化，其中一方非中心地位的文化形态逐渐边缘化，日渐式微。在当前如果不注意加强农村传统文化的保护，文化消失化的威胁依然存在，对此进行文化遗产化不失为一种明智之举。对农村传统文化的爱护、发掘与保护仍是我国一段时期内的重要文化政策。

文化商业化是一把"双刃剑"，既是对农村传统文化的保护，也有可能造成危害。

（5）与农村相关的重大文化事件。主要包括国家性的文化体育活动、区域性的文化节庆活动、新传媒的应用推广和各级文化政策等。

强化现代文明与传统文化的融合仍将是未来农村文化的主旨，城乡间的文化交流将进一步加强，文化互信进一步提高。实际有效的文化制度将逐渐弥合城乡文化之间的鸿沟，这对于农村传统文化的发展既是危机，更是机遇。

二、农村社区的文化现代化与传统文化发展

我国农村文化实现现代化是我国社会发展的必然选择，农村文化的现代化从属于我国社会的整体发展，是后者的重要组成部分。农村文化现代化的进程取决于我国整体文化现代化的速度。在农村文化现代化的进程中，传统文化的现代化是主要工作内容。农村社区的文化现代化与传统文化的现代化有密切关系，离开了后者，前者的实现就是不彻底的，也是不可能的。

（1）我国的文化现代化是一种后发追赶型文化现代化，是在外来压力下被迫进行的。这种文化现代化是以倡导科学理性为前提的，对传统文化采取了批判及边缘化的策略，然而，随着国际化的文化风潮及新儒家的倡导，对传统文化的重新再认识是不得不面对的现实问题。在农村社区，文化发展面临的这种窘境尤为明显。因此，我国在农村实现文化现代化首先必须摆脱第一次与第二次文化现代化发展思路的束缚，要提倡一种有机融入传统文化，共生共容的发展思路。

（2）我国农村实现文化现代化必然要遵循世界文化现代化的统一规律。然而，我国人口众多，文化多元，在这样的国家实现文化现代化绝不能一蹴而就。国外现成的文化现代化经验多基于自己特殊的国情与历史文化发展道路，不能完全"拿

来"，应该从我国传统文化发展演变的过程中寻求支持我国实现文化现代化的特质。

（3）我国农村实现文化现代化首要解决的就是如何对待传统文化的问题，这又涉及对传统文化的评价。庞朴先生提倡认识客观世界应该一分为三，对传统文化及其作用的评价也应该如此。就传统文化的本质性质而言分为优点、缺点和中性元素；对于传统文化的现代意义而言，也分为积极作用、消极作用和中性作用。传统文化的本质属性及其作用，都是人为建构的产物，按照建构主义的观点，其本质属性无所谓优与劣，其价值只是特定社会历史条件下的人为阐释与话语建构。因此，在当代要实现传统文化与现代文明的有效对接，对前者进行符合时代要求的评价至关重要，这是一个前提。

实现文化现代化还必须科学理性地看待传统文化。自"五四运动"以来，传统文化就像一棵即将断气的朽木，任人摆弄，有全盘否定的错误认知。以往坚持本质主义，认为认识的客体有一个完全彻底独立于认知主体的客观存在，价值是客观的，作用同样是客观的，这样就使人们惯于努力去发掘传统文化"祸害"历史的根源，而且乐此不疲，最终的结果就是传统文化的合法性在"五四运动"以后轰然倒塌。近代以来的多次文化运动由于对文化主体间性的认识不足，没有将文化主体人与文化自身区分开来，拥有传统文化话语权的人下台了，传统文化也跟着灰溜溜地走了。从建构主义的视角来看，将传统文化"贴标签"，也是特殊社会历史条件下社会建构的产物，这期间，时代精英"创造"了传统文化应该为民族落后埋单的结论，而非发现。这种思维定式至今还在影响研究者及大众的思想，导致至今还有人不能正确认识传统文化的本质及其价值。时代精英往往能够起到启发民智的作用，就如百余年前对传统文化群起而攻之一样，现在还是时代精英引导了这场弘扬传统文化的运动，然而，民间大众对此的反应却远没有精英那么躁动，尤其是城市居民疲于生计已经无暇再"为了那忘却的记忆"而改变什么。现在找点时间、寻点空闲成了奢侈,传统文化的复兴仍然没有提到日常生活中来,节庆成为传统文化的仅有舞台,有时还扮演起了商业噱头,传统文化的处境依然尴尬,这一切源于人们对传统文化缺乏必要的正确认识。

(4)实现农村社区的文化现代化,要正确认识传统文化核心精神理念与外在阐释之间的关系。文化总体来讲分为物质文化与精神文化,而后者相较前者具有更为永恒的魅力。传统物质文化最早成为现代主义进攻的目标,损失最惨,能够代表民族与西方现代主义"叫板"的也就是精神文化了。经常被不屑一顾的"传统文化",并不是一成不变的,而是不断发展与阐述的。这种阐释本身就是一个不断建构的历史过程,与时俱进是基本的发展形态。为什么一有变化,就会被指为违背传统呢?重新阐释就是对中华传统文化原本精神的不断建构,这是一个永无止境的过程,只要文化的主体存在,这种阐释与建构就将继续下去。对传统文化的"两分法",对于确立传统文化的合法性奠定了坚实的认识论基础。

因此,在农村实现文化现代化,必须正本清源,不能拿某一"外化"阐释来批判传统文化,以此来动摇传统文化的合法性,只有这样才能够坚定在农村社区弘扬传统文化的信心。

三、农村传统文化教育的战略选择

在农村进行传统文化教育是农村社区文化建设的重要组成部分,对于农村社会经济的协调发展具有重要的战略意义。农村传统文化教育的战略选择既包括目标和路径的选择,也包括措施和重点的选择。下面将集中探讨目标和路径的选择问题。

(一)农村传统文化教育的战略目标

(1)理论分析。农村传统文化教育的战略目标,从不同视角观察,认识也不尽相同,本部分主要是从科学和现代化的视角来探讨这一问题，由此得出的结论未必完全符合实际，但可以看作一种补充。

根据相关理论及政策，我国农村传统文化教育的目标大致可以分为三个理论目标和三个政策目标。理论目标与我国传统文化教育的理论目标是一致的，三个理论目标分别是去除糟粕，弘扬民族优秀传统文化；按照时代要求重新阐释传统文化的原本精神，实现传统文化与现代知识社会的对接；当代社会中，传统文化扩大话语空间，为此进行相应的理论准备。三个政策目标：第一个政策目标是进行传统文化保护教育，树立较强的民族文化意识，强化民族身份的认同，主要涉及传统文化自身的发展；第二个政策目标是实现传统文化对农村和谐社区构建的促进作用，涉及传统文化的社区建构作用；第三个政策目标是通过政策引导与文化展演，实现传统文化与现代文明的融合，使农村社区成员成为一个深具传统文化内涵，又不乏现代文明特征的新型农民，涉及人的素质的整体提高。第二个与第三个政策性目标的实现很难说谁先谁后，一般来看，第二个政策目标的实现是以第三个政策目标的实现为前提的，但是第三个政策目标的实现却是最终的目的。

（2）政策分析。在我国农村实现传统文化教育的政策目标，可以从以下三个方面进行。

首先，我国政府非常重视对传统文化的保护工作，积极推动传统文化的保护工作，大力开展非物质文化遗产的申遗工作，一部分具有民族特征的传统经典已经成功申请世界非物质文化遗产。各省、地（市）也有相应级别的非物质文化遗产申请活动，有效地保护和传承了民族传统文化。而农村是我国传统文化，尤其是非物质文化遗产项目集中的地方，因此在农村社区中进行传统文化教育对于有效保护、发掘传统文化具有重要的战略意义。

其次，对于传统文化，保护只是一种途径，更为重要的是应该教育农村社区成员充分认识中华民族深厚的文化底蕴。当今世界，文化多元化是一种历史趋势，使本民族屹立于世界民族之林，最关键的是要培养深具民族传统文化特制的文化主体——人。《中共中央关于深化文化体制改革推动社会主义文化大发展大繁荣若干重大问题的决定》中提到"坚持社会主义先进文化前进方向……培养高度的文化自觉和文化自信"，社会成员只有兼具传统文化内涵与社会主义文化特色，才能够树立起民族的文化自觉与文化自信。

最后，农村传统文化教育的直接目标就是实现农村社区的和谐发展。传统文化教育不仅可以提高村民的整体文化素质水平，还是施行社会控制的一剂良方。这既有大的国际环境的影响，也是不得已的选择。由于有国家政策的支持，许多地方都非常重视传统文化在乡村社区中的建构作用，并取得了很好的经验。

总体来看，我国各地实现传统文化教育政策目标的时间是不同的。新中国成立以来，对传统文化的保护与发掘工作，国家用力甚大，并取得了很好的成绩，第一个政策性目标已经基本达到。然而，真正通过发掘传统文化内涵来实现人的素质提高，即促进社会构建的第二个、第三个政策性目标，还有一段路要走。

（3）我国农村传统文化教育战略目标的可行性分析。

首先，我国农村传统文化战略目标的实现是以相关政策及政治指导方针为前提的，前者是后者的实践性标准及具体体现，因此，在农村实现传统文化教育的战略目标具有理论可行性。

其次，现实可行性问题要较理论可行性复杂许多。现实可行性要受到许多方面因素的影响，既有整体文化政策的影响，又受到城乡发展程度差异、特定农村社区社会经济发展程度等的影响，还受到农村社区成员传统文化自觉意识的影响。实现传统文化教育的目标是多种因素共同影响下，人们努力推动的结果，不能以其中某一影响因素程度的强弱来判断某一社区实现传统文化教育目标的依据。通过对部分已经基本实现传统文化教育三个政策性目标的农村社区的考察，总体来看，有两类农村社区较容易实现三大政策目标。第一类就是农村经济发达，从而带动了文化发展。从社会心理学角度来看，由于接受传统文化要比接受现代文化存在更少的认知困难，因此，一旦经济条件允许，这类社区的成员往往会重拾集体记忆，弘扬地方传统文化。有的社区会在经济发展的同时，传统文化教育也有了较大发展，然而，这种发展往往又是以经济目标的实现为前提的，这样就很难保障传统文化教育活动的本体性与方向性。还有些社区注重通过传统文化的学习来提高村民整体素质，其立足点在于人的整体素质的提高，将传统文化教育作为提高村民素质的重要内容，这样才能真正实现传统文化教育的三大政策性目标，经济比较发达的九曲蒋家村，其领导就是基于这一认识来推进传统文化教育的。但这并不是说，经济是农村社区有效进行传统文化教育的前提，在一些民族地区的农村社区，尽管经济发展落后，但由于其浓厚的地域文化特色，传统文化往往会成为带动地方经济发展的排头兵，是地方经济的主要增长点。可见，传统文化教育与经济发展在实践中并不矛盾。第一种类型的社区教育模式是经济发展带动传统文化教育，借后者来解决经济发展过程中出现的社会问题，这种现实诉求同当前世界重拾传统文化的目标是一致的。第二种则是传统文化带动经济发展，这一过程中进行传统文化教育的主要目的就是保护、传承与展演。在与外部世界互动的过程中，深具传统文化内涵的"传统人"实现了现代化，这个过程多由传统文化中的物质文化发起，传统与现代的整体融合是最终的结果，整体提高了人的素质。而第一种模式的发起者是现代文化，当其在农村社区遇到挫折时重新"求教"于传统文化。可见，无论哪种模式的传统文化教育都离不开经济，后者有时是目标，有时是保障。

在民族地区进行传统文化教育也未必都局限于物质层面，精神层面的传统文化教育也是主要内容。有些民族地区以民族传统物质文化作为地方经济发展的领头羊，而有些地方则刻意营造传统文化氛围，打造衣饰文化品牌。因此，我国农村实现传统文化教育的最高目标是完全能够实现的，既有理论支持，又有现实可行性。

（二）农村传统文化教育的"人本路径"

农村进行传统文化教育是农村社区文化建设的重要组成部分，如何实现传统文化教育的目标，因特定农村社区的社会经济发展状况、文化现状及传统有很大关系，很难有统一规定的模式可以遵循。尤其是我国各地社会经济及文化发展状况存在很大差异，因此，各地可以按照自己的现实情况制定和选择传统文化教育的发展路径。

但总体来看，我国农村传统文化教育的路径大致分为两种模式：一种是逐步实现三大政策性目标，实际的情况是一种"经济路径"依赖模式；另一种是通过跨越式发展，直接以第三个政策目标为指引，同时综合实现三大目标，这是一种"人本路径"。

第一种模式是逐步实现传统文化教育的目标，由于国家政策及大政方针的影响，对传统文化物质层面的保护意识已经深入人心，尽管个别地区还存在破坏文物的现象，但是作为一种思想意识和观念已经得到普遍认可。随后进行传统文化的社区化，发挥传统文化在乡村社会构建中的重要作用。关键问题就是在这一环节出现了路径差异，有些社区注重将传统文化搭台，经济唱戏，看中了传统文化在社区经济发展中的重要作用。对传统文化进行商业化，所走路子的基本思路就是传统文化带动经济发展，经济发展作为提高精神文明水平的保障。这种传统文化发展模式对于传统文化教育并没有更多的依赖，传统文化的经济指向要明显强于其教育指向。这种不依赖于传统文化教育的发展模式，最大的优点就是能够立竿见影，其最大的缺点就是在乡村社区建构中，传统文化扮演的只是"婢女"的角色，很难在社区建构中拥有更多的话语权，成为主角也是不现实的。经验发展证明，离开传统文化教育的乡村社区发展也缺乏内涵与后劲。这种模式还有一个不良后果就是，其明显的经济指向性往往会引来相关理论精英的批评，传统文化的物质层面往往只是表象，其内涵还是在传达一种精神。传统精神文化的核心价值就在于强调对"人心"的建构性，缺乏传统文化教育，只是利用它的物质层面作为经济发展的增长点，这无疑有违传统文化的本质精神。因此，近年来，学界对此的批判声不绝于耳。因此，决策圈与学界人士也在反思这种发展模式的合法性问题。这种模式还有一种极具迷惑性的表征就是教育了别人，而没有将传统文化作为提升社区成员自身素质的重要内容。

第二种模式则是以提升居民整体素质为最终目的，认识到传统文化教育是居民整体素质不可或缺的重要内容。这种以三大政策性目标为导向的模式，改变了第一种模式将传统文化作为手段与工具的做法，通过对农村社区成员进行传统文化教育而提升整体素质，进而促进社区政治经济文化各项工作的顺利开展。从传统文化发展的核心点来看，由于充分认识到"人"是传统文化发展的基本载体，将"人"作为其发展的最终目标，人成为传统文化发展的直接受益者，这种发展思路更具内涵和可持续性。从发展途径来看，这种"人本途径"将传统文化发展与教育结合起来，为传统文化的发展打下厚实的文化根基，并培养了很好的传承群体。这种教育不只是在传承，还在于进行有效的发展。传统文化无论怎样发展，都不能离开人，要使主体的人不仅享受到传统文化带来的经济效果，更为重要的应该是使人成为一个极具民族文化特质的"传统的"现代人。在最终效果上，那种阶段式发展模式很容易由于各种原因使农村社区对传统文化的经济功能产生依赖，农村社区经济发展相对落后，当传统文化为其带来物质利益时，会过多依赖由此衍生的旅游业及第三产业，这会影响农村产业结构调整的积极性，从目前情况来看，我国还很少有农村社区完全依靠传统文化成为经济强村。不可能在物质经济不发达的情况下大谈特谈精神文明建设，农村社区的发展状况也是如此。农村毕竟不同于城市，不可过多地将传统文化发展的目标定位于促进经济发展，这种模式不具普遍性。我国农村传统文化遗存丰富，传统文化精神根深蒂固，在农村社区弘扬传统文化精神，促进社区各项事业的协调发展具有现实性。这种模式对现代人的精神困惑有所关照，"恢复了"农村社区的传统记忆，确认了其在现代社会中的文化身份与地位，这对于迷失于现代社会的乡土社会成员具有更大的诱惑。在内容上，第一种模式侧重于对传统文化器物层面的发掘，而"人本模式"侧重于对传统文化精神层面的弘扬，这对于提高农村社区居民的幸福感具有更为直接的效应。农村社区成员与城市居民对幸福的感受是不同的，前者更看重基本物质条件满足的基础上精神富有带来的愉悦，而后者似乎更热衷于现代社会中器物充盈所产生的陶醉。从这点上看，乡村社区文化发展的"人本路径"塑造出的物质充足、内涵丰富的现代人对于现代社会的发展更具有建构性。在"经济路径"指引下，传统文化发展的立足点不在教育上，而在于开发上，这种极具工具理性主义的发展思路又重复了城市社区发展的老路子，现代城市遇到的危机还会在乡村社区继续上演。因此，"人本路径"相对于"经济路径"来讲，是一种发展与超越。

四、农村传统文化教育的战略要点

（一）弘扬传统文化精神是关键环节

传统文化包括文化精神、文化生活、文化制度和文化观念等方面，从形态来讲可以分为精神文化与物质文化。传统文化作为一种客观存在的人类文明的遗存物，对它的认识与习得也遵循人类认识的基本规律，注意、认知、内化是人们了解学习传统文化的必然环节，其中最关键的就是在认知环节，人们需要正确认识传统文化的真正内涵，去其糟粕，按照时代的需要重新阐释传统文化精神，最后才是通过学习将传统文化的精华部分内化为自身的一种心理特质，并且成为自身素质的重要组成部分。相对于物质文化，精神文化能够根据时代的发展进行外化阐释，今天接触到的传统文化精神是历代思想家不断建构的产物。因此，在当代依据时代要求来阐释传统文化精神既是满足时代发展的需要，也是在履行弘扬传统文化的历史责任，并且这种建构活动还会随着历史的发展不断持续下去。科学主义之所以能够在全球迅速蔓延，就是因为其带来了高度发达的物质文明，现代工业品相对于传统物质文化产品，能够使人生活在一个更具经济理性的社会中，因此，物质文化产品的淘汰是很自然的。在当前倡导"返璞归真回归精神家园"的时代，传统文化是必然的精神载体，它既是工具，又是目的，这是传统物质文明所不能达到的效果。传统文化是中华民族的脊梁，今天不去阐释它，不去继承它，民族历史就会出现断裂。我国绝大多数人民群众生活于农村社区，因此，农村社区应该是我国弘扬传统文化，进行传统文化教育的主战场。

（二）普通村民是传统文化教育的重点对象

我国农村社区中的人口类型，按照不同标准可以划分为不同的人群，如果按照来源来划分，可以将农村人口大体分为本地人口与外来人口，为了研究方便，本研究将本地人口进一步划分为社区普通村民与学生两个类型。

社区普通村民是我国农村最稳定的一个群体，是社区事务的积极参加者，是社区工作的行为主体，对社区事务具有最大的影响。普通村民在当前农村社区事务中扮演重要角色，农村社区既是他们日常生活的舞台，也是他们精神的家园，他们对于社区的社会构建具有无可替代的重要作用。因此，应该将农村传统文化教育的对象定位于这些固守乡土的普通大众，他们会成为接受传统文化教育的"高效群体"，但这种定位在一些经济发达地区的农村似乎更为现实有效，在经济欠发达地区的乡土社会中，这种定位就未必恰当。

随着社会经济的发展，在我国一些地区的乡村社会中，普通村民群体中的相当一批成员都到外地打工，事实上已经参与到所在地的社区生活中，但由于固有的地缘关系，使他们一般不会把打工地作为自己的精神社区，乡村还是他们魂牵梦萦的精神家园，对于那些间歇性外出打工者更是如此。在这样的农村社区，出现了以老年、儿童为主的留守群体，照料家庭与儿童的责任基本由老人来承担，他们既受制于现实的社会生活，在年龄上与心理上已经不适于再从事更多的社区责任，但是他们却对文化生活具有更迫切的需要。因此，这一部分留守群体构不成传统文化教育的"高效群体"。在这样的乡村社区中，由于多数青壮年在外打工，接受的文化是多元的，固有的传统文化会受到外来文化的大力冲击，加快了乡土社会传统文化的解构过程。因此，在这样的传统社会中，进行传统文化教育更有必要性，也最为迫切。但是在这样的社区，并不是不需要或能进行传统文化教育，应该将工作的重点放在这些事实上的"留守居民"身上，起码具有三个方面的重要意义。首先，这些以老人为主体的"留守居民"能够更方便地恢复传统文化的记忆，只要加以适当引导，这些老人会乐于想方设法地积极参与到社区文化中来，不仅填补了农村老人的精神寂寞，也使这类社区中几近荒芜的文化生活焕发生机。从目前来看，无论在什么类型的农村社区中，老人都应该是社区传统文化教育与文化活动的重点对象。老人是农村社区的精神之魂，是社区成员的心理依归，在当前农村社区发展过程中，老人承担了相较传统社会更多的社会责任，他们是社区建构的积极能动力量。由于多数青壮年在外打工，带来了多元文化，文化的多样性加速了传统社区文化的解构过程，在解构过程中，一般会出现一些不利于社会和谐发展的现象，因此，在这类农村社区中强化对留守群体的传统文化教育，使一切文化变迁都发生在合理、规范、有序的基础上，使多元文化的融合具有更为厚实的文化根基，这对于乡土社会和谐发展具有重要意义。最后，在中国传统社会中，"前喻文化"是知识的重要来源，老人作为长者，在家庭中具有较大的话语权，也具有一定的威信，有些甚至本来就是社区中的"意见领袖"，因此，强化这一群体的传统文化教育，有利于在农村社区形成好的文化氛围，扩大传统文化的话语范围，更有利于促进乡村社会的和谐进步。

青年学生由于有了学校的正规教育，接受了更为系统的传统文化教育，对于乡土社会传统文化教育具有重要的补充作用，但不可能成为中坚力量。这主要受制于以下三个原因：一是青少年学生学习任务普遍较重，没有更多的时间接受传统文化教育；二是我国的教育评价体系侧重量化衡量，忽视对传统文化的质性考核；三是青少年学生未来的职业定位还不确定。但是，不可忽视对青少年学生进行课堂外的传统文化教育，这主要出于两个考虑，首先，学生习得的传统文化多为知识性的，实践环节欠缺。传统文化不只是知识，更重要的是行为实践。其次，青少年学生是民族的未来与希望，他们素质的高低直接决定民族整体素质的高低，因此，对他们进行传统文化教育不仅有利于农村社区的发展，更为民族进行了"文化储备"。

在一些农村社区中，由于经济发展迅速，形成了健全发达的经济体系，大量外来务工人员进入农村社区，给当地的农村社区发展带来了一些社会问题，因此，对这个群体也应进行传统文化教育，借助传统文化的力量引导他们在构建和谐社区、和谐企业的过程中发挥积极能动的作用。但由于他们具有较强的流动性，因此他们也不可能成为社区传统文化教育的主要对象。最实际的做法就是引导他们将传统文化教育与企业制度教

´育结合起来。

（三）传统文化现代化是唯一路径

传统文化的现代化内涵是指传统文化的发展要实现时代化，按照时代的要求对传统文化进行符合时代要求的阐释，这种阐释是一种在维持传统文化原本精神合法性的基础上而进行的发展与革新，并非彻底否定传统文化的价值，也不是"旧瓶装新酒"，使传统文化成为现代文明的附庸。这种发展坚持了传统文化的主体作用，与现代文化具有同等重要的价值，在某些社会领域还要发挥主要功能。这种发展不仅是理论上的重新阐释，还涉及相关实践层面，其最终目的就是要完成传统文化与现代文明的有机结合，成为促进社会政治、经济、文化等领域和谐发展的重要动力源泉。

（1）传统文化包括文化生活、文化内容、文化制度和文化观念的现代化，因此考察传统文化现代化也可以从这四个方面展开。

①文化生活现代化。传统文化生活现代化是文化现代化的一种主要表现形式，也是传统文化现代化的一个主要目标。一般而言，传统文化生活是指与传统文化生产、传播、消费、保存和参与相关的日常生活。更为通俗的表述应该是传统文化商品、服务和活动的供给、消费与参与。不同民族、国家及社群，它们的传统文化生活也各有差异。根据行为主体的不同，传统文化生活可以大致分为三种类型。

一是传统文化工作者的文化生活。传统文化工作者是指那些在传统文化领域的从业人员。他们是传统文化商品、服务和传统文化活动的提供者与组织者。传统文化的外在展演最主要通过他们来实现。他们的工作具有职业性、专业性与目的性的特点，具有鲜明的目标指向。

二是传统文化参与者的文化生活。主要指那些积极参与传统文化活动，但却非职业从业者的人士，他们参与传统文化活动，基本出于个人爱好，或者是在职业从业人员的引导下参与文化活动的。然而，这一部分人恰恰是农村传统文化活动的主体，他们是农村传统文化教育的第一批受益者，同时他们就如意见领袖一般，也会把内化后的传统文化精髓再传播给他人，进而扩大传统文化的教育效果。他们既是受教育者，又是教育者，具有双重身份。

三是传统文化消费者的文化活动。这一群体是传统文化教育的外部对象，他们并不一定积极参与传统文化活动，但他们却是传统文化教育的最大受众群体，也是最终影响目标。

人们依据传统文化的影响强弱，将农村传统文化的参与人员分为以上三大群体。对于传统文化现代化的进程，不同群体也具有不同的影响作用。职业从业人员是国家大政方针的执行者，甚至参与社区的文化制度的设计，因此起到的是引导者作用。他们对农村社区传统文化现代化的进程具有最大的影响作用。参与者群体是农村社区中传统文化现代化的中坚力量，他们是传统文化现代化效果的直接受益者与体现者，同时他们对于传统文化的现代化进程还具有较大的能动性，因此，他们是主要的群体，能够左右传统文化现代化的速度。消费群体往往是传统文化消费的目标群体，传统文化现代化的进程与效果主要通过这一群体体现出来。

②文化内容、制度与观念的现代化。传统文化内容现代化是传统文化现代化的实质，也是一种表现形式。传统文化商品、文化服务和文化活动都是传统文化内容的重要载体，内蕴于其中的文本、程序与意义是传统文化知识、制度和观念的一种组合形式。

传统文化内容现代化的主要表现形式是：传统文化知识的科学性、生态性、多样性及现实性。主要是发掘传统文化中的那些对现代科技知识有所补充的知识成分。现代科学主义解决不了所有问题，传统文化知识多源于先人的经验总结，具有实用性与有效性，对于处理人与自然、人与社会即人与人之间的关系具有极为重要的实践指导意义。现代科学主义给人们带来了物质文明，然而，舶来的社会理论却出现了水土不服的现象；因此，保留传统文化中的自然科学知识与传统人文理念还是有其时代价值的。传统文化制度是传统文化现代化进程中变化最大的部分，但并不能据此判定传统文化制度毫无意义。文化制度及设计主要随着上层建筑的变化而改变，尽管传统文化中的制度设计大多已经过时，失去了时代意义，但是其基本理念还有生命力，对于今天进行制度设计与政策规划还是有借鉴意义的，应该对传统文化制度中的合理性、规范性及建构性给予必要的关注。传统文化观念的改变是农村传统文化教育的核心内容。文化观念是一种内化于人心的文化认知，具有顽强的历史传承性与稳定性，对当代社会建构既有很好的推动作用，也可能成为社会发展的阻碍；因此，发掘传统文化观念的合理成分，是实现传统文化观念现代化的重要途径。

（2）传统文化现代化的影响因素。传统文化现代化在我国文化发展的过程中占有重要地位，也是农村进行传统文化教育的重要内容，当然在传统文化现代化进程中会受到多种因素的影响。

①政治因素：主要是国家上层建筑如何认识评价传统文化的问题，在乡村社区中，社区领导对传统文化的重视问题是影响我国农村传统文化发展与教育的最主要原因。我国历来重视传统文化发展并制定了相应的文化政策，因此，上层建筑对传统文化的政策是稳定的、积极的、支持的。农村社区领导由于文化素质及生活经历的差异，对传统文化的认识是不一样的，因此，在农村进行传统文化教育的最主要因素来自社区精英的倡导与支持。

②经济因素：是在农村社区进行传统文化教育活动的重要保障。我国农村的社会发展可以依据其社会进程分为三种类型，

第一类是生活型，第二类是经济型，第三类是综合型。对于第一类那些至今还以满足基本生活需要为目的的农村社区来说，自觉主动进行传统文化教育还不太现实，其现实的物质目的满足之前，是没有更多精力来构建精神家园的。第二类社区热衷于经济成就，重复了城市社区发展的老路，陶醉于物质充盈的现实之中，对传统文化表现出了"不屑一顾"的神态。第三类就是在经济充分发展的基础上，注重农村社区居民的精神文明水平的提高。不能说经济发展了一定就注重传统文化教育，但是要使传统文化教育更有后劲，成为农村社区建设的推动因素，那么必要的经济条件是必需的。毕竟农村的好多问题的解决主要还是依靠经济的发展，一些违法乱纪的现象也多由经济因素引起，因此，必要的经济手段与传统文化教育结合起来，才能使传统文化教育更具实效性。

③社会因素：主要指农村社区中结构状况与冲突问题，对于那些社会治安不好、问题矛盾较多的社区，进行传统文化教育更为迫切。

④人的因素：包括农村人口结构、居民素质及传统等因素。农村社区中的"常住居民"是进行传统文化教育的重点对象，这部分人口占比例越大，越容易进行传统文化教育，教育效果的可预期性也就越强。居民素质越高越容易接受传统文化教育，对于整项工作的开展也具有很好的推动作用。然而，对于居民素质不太高的社区，传统文化教育的责任更重。在一些农村社区中，传统文化氛围浓厚，成员对其已经具有了较好的习得，在此基础上进行传统文化教育活动，工作开展相对顺利，能够最快地实现教育目标。传统文化，在历史上曾经是主流文化，但随着社会的变革，传统文化在乡村社会中被很好地保留下来，拥有传统文化话语权的是普通村民，他们对于传统文化教育具有更强的主动性与积极性。因此，在农村进行传统文化教育一定要充分发挥普通居民的作用，调动他们的积极性，只有这样，

教育效果才能事半功倍。

⑤城乡交流因素：事实证明，城乡之间的交流不仅不会影响到传统文化教育的效果，反而会推动此项工作的开展。城乡文化交流促进城乡文化的融合与发展，强化了现代文明与乡村文化的融合。在农村社区进行传统文化教育，其目的不是塑造一个"世外桃源"，维持一种传统想象，最终目的恰恰是要实现传统文化与现代文明的对接与和谐发展。将农村的传统文化教育自始至终置于一种与现代文明的交汇中，有利于检验传统文化解决现代社会问题的实践过程，对于"由村及市"进行传统文化教育模式的推广具有很好的示范作用。九曲蒋家村实行了一条建立在城乡文化交流基础上的、"由村及市"的传统文化教育发展思路，收到了很好的效果。

在这些影响农村进行传统文化教育的因素中，很难说哪条是主导因素。但总体来讲，对于那些经济发达地区的农村来说，乡村社区领导的认识更为关键，可以利用经济杠杆来推进此项工作的开展；对于那些经济欠发达地区来说，经济因素、人的因素的作用更为明显。

在农村进行传统文化教育活动是一项长期的任务，不是一项单一的工作，要将这项工作纳入农村社会发展的宏观视野中。我国农村的社会经济发展状况千差万别，地域特色明显，没有统一固定的模式可以借鉴，只能根据各地的具体情况，充分考虑各种影响因素，建立适合自身发展的传统文化教育路径。传统文化教育活动开展的最终目的就是提高农村社区成员的整体素质，以推进农村社区各项工作的顺利开展。

第十一章　村民自治教育

"村民自治"的提法始见于1982年我国修订颁布的《宪法》第111条，规定"村民委员会是基层群众自治性组织"。在1993年民政部下发的《关于在全国开展村民自治示范活动的通知》中又提出了"四个民主"的提法。从"村民自治"到"四个民主"，对基层民主的认识是逐步完善、逐步提高的。村民自治，简而言之，就是广大农民群众直接行使民主权利，依法解决自己的事情，创造自己的幸福生活，实行自我管理、自我教育、自我服务的一项基本社会政治制度。村民自治的核心内容是"四个民主"，即民主选举、民主决策、民主管理、民主监督。因此，全面推进村民自治，也就是全面推进村级民主选举、村级民主决策、村级民主管理和村级民主监督。

村民自治的法律依据是《村民委员会组织法》。以该法的试行及修订为主线，大致可以将村民自治的历程分为三个时期。

第一节　村民自治教育的内容

村民自治教育的内容非常广泛，涉及思想认识、政策设计与组织实施等内容，但总体来看，可以分为以下四个方面。

一、村民自治意义教育

目的就是要使农民充分认识到村民自治是我国农村政治生活的一项重要内容，对于农村社会发展及农民自身的权益保障都有重要的意义，以提高农民积极参与村民自治的积极性。首先，村民自治不是外来的制度安排与有意识引导，而是我国农民在新的历史时期出于社会责任感与自身发展的需要，自我尝试产生的。这种制度要早于决策层的制度设计，启发了决策者，走过了先由下到上，再由上到下普及的发展路子，提高农民对村民自治制度的认同感，使农民充分认识到村民自治是在农村实现社会主义民主的最主要途径。它能够保障农民在党的领导下，参与民主选举、民主决策、民主管理和民主监督，实现村里的"官"由村民自己来选，村里的事由村民自己来管，村里的财由村民自己来理，使几亿农民更好地行使当家做主的权利，建设民主管理的社会主义新农村，使农民走上富裕、民主、文明、幸福生活的成功之路，从而激发农民的政治热情和参与意识。其次，通过村民自治，村民可以选出那些头脑灵活、有一技之长、能力较强的"能人"担任社区领导，还可以集思广益，为农村的发展想办法、找路子，共谋发展大计。这样可以调动农村基层干部的工作积极性，也会激发群众的参与热情。最后，还要使乡镇干部充分认识到村民自治是我国农村发展的重大举措，对于实现农村的长治久安和社会发展具有深远的意义，能够提高上级组织的重视程度，从而加大工作力度。

二、农民主体教育

村民的主体教育主要涉及三个方面，一是村民对自我主体身份的认同；二是与身份相关的权益、义务教育；三是上级对村民主体地位的认同。首先，要使村民明白为什么要推广村民自治、实行村民自治的社会历史背景及实在的与潜在的社会效益。新时期的村民已经不同于以往的农民，公民意识更加强烈，对社区事务拥有更大的话语权，具有承担社区责任，履行社区义务的能力。村民是村民自治的主角，也是最直接、最大的受益者，增强他们的集体责任感与荣誉感，从而实现村民自治的主体认同。其次，还要教会村民如何履行村民的主体角色，要不断提高他们的政治觉悟及综合素质。

提高他们的参政议政能力，使他们有能力、有动力来实现自我管理、自我服务和自我教育，最终实现民主管理，促进农村经济社会发展与繁荣。最后，上级组织还要充分尊重农民的主体地位，对村庄的集体性事务，要尊重村民的意见，以利益主体为中心，不可越俎代庖，滥用职权，要严格按照《村民委员会自治法》来规范相关机构及人员的权力，使农民真正体会到自己就是村民自治的主人，只有将最直接的相关利益者——农民的积极性调动起来，村民自治才能获得良性发展。

三、村民自治素质教育

目的是提高村民和干部的民主管理素质和管理水平。农民是村民自治的主体，其素质和自治能力的高低，直接影响村民自治制度的落实效果。因此，应通过多方面教育提高他们的自治素质，主要是加强文化素质教育、宪法、有关法律法规知识、现代民主意识、参政、议政和执政能力教育，只有这样村民自治教育才能够顺利实行。

四、村民自治内容与程序教育

该项教育着眼于微观层面，教会村民如何行使自己的权利及履行自己的义务。具体来讲，就是要使村民和干部明确村民自治的内容和规范，包括民主选举在村民自治中的地位、选民登记、选举原则、选举程序等。还要明白民主决策的意义、事项，村民会议的组成和程序；村民代表的产生和村民代表会议职责和程序，村民委员会的决策机制和工作原则与制度；民主管理的意义，村民自治章程和村规民约的制定、内容和实施；民主监督的意义，村务监督机构的职责和产生，村务公开的形式和罢免村委会成员的程序与要求等。通过这些教育，使农民和基层干部明确掌握和切实落实村民自治制度和村民委员会组织法的要求，推动村民自治向规范化、法制化方向发展。

第二节　村民自治教育的组织与主要路径

村民自治教育主要是针对成年农民的一种农村民主教育，要根据农民的特点和各地实际情况，探索村民自治教育的途径。

一、明确村民自治教育的负责机构

要将村民自治教育与农村普法工作结合起来，将其纳入全国农村普法教育的组织体系。首先要明确各级相关职能机构的职责与定位。在全国，应该由全国普法依法治理领导小组统一协调；在各省市层面，要充分发挥各级党委宣传部门和政府司法行政部门在村民自治教育中的职能作用；县司法局、乡镇司法所要担负起村民自治教育的基层组织工作。鉴于该项教育与村委会选举和工作联系紧密的特点，村党支部和村委会也应负起组织本村村民自治教育的责任。在各级组织体系中，尤其要重视基层党组织与政权组织在村民自治教育中的核心领导作用，这些组织既是组织实施者，又是直接的利益相关者，他们的工作直接决定着村民自治教育的质量。这样，就会形成在农村普法组织体系框架内的、从中央到农村基层的完整的组织体系，以保证该项工作的正常进行。

二、探索村民自治教育的途径

村民自治教育本质上是农村的普法教育，与一般的普法活动不同的是，村民自治教育具有时效性与广泛性的特点。每当村民选举前的一段时间是村民自治教育的重点时期，这一时期可以结合选举活动进行有针对性的宣讲，这种宣传效果更直观、更有效。村民自治教育的对象主要是具有选举权与被选举权的农村公民，直接涉及这些人的政治权益，自治教育涉及的范围较广，这也给工作带来一定困难。因此，必须结合这些特点探索最为适合的途径，来推动村民自治教育活动的开展。在选举前发放村民自治的有关材料，召开村民动员学习大会，对组织选举的人员进行培训，使村民和工作人员了解掌握选举的有关法律规定和程序、规则，保证选举依法进行；选举后集中村民代表和"两委"干部集中培训等，使他们熟悉掌握党和国家对村民自治的要求和实施村民自治的各项原则、要求，提高村民自治的能力。

对村民进行自治教育不仅要注重时间性，还要注意长期性。一种认识要深入人心，只靠临时的工作较难奏效，要将短期行为长期化。在日常的社区生活中，要注意制造村民自治氛围，加强宣传活动，要让老百姓在日常生活与社区活动中潜移默化地接受村民自治的理念，只有这样，村民自治教育才能够真正深入人心，成为社区的一种集体政治意识。此外，不仅要针对适龄农民进行宣传，也要注重对那些未成年人进行教育，要将普法对象前移，让他们就像学习宪法一样来学习村民自治法规，加大村民自治法规在学生普法教育中的比重。只有从学生抓起，才能够彻底实现村民自治教育活动的目标。

三、把村民自治教育与公民教育紧密结合

我国已经进入公民社会，因此必须对农民进行公民教育，公民教育旨在培养公民在民主社会中有效地享受权利、承担责任所必需的知识、技能、态度、价值等，这些知识、技能、态度、价值涉及政治、道德、法律、经济和社会生活等层面，尤其关注维系民主社会生活的观念和社会行动能力的培养。在这里，公民教育主要目的在于通过公民的权利义务、民主平等、尊重宽容、社会凝聚力等观念的养成，达成公民社会中民主自治的生活方式，并以此期盼提高公民社会在民主治理中的潜力。民主政治与民主社会都意味着公民的自助、自治，这就给公民

素质提出了更高的要求。而公民的自治能力和精神教育需要教育来培养。

村民自治的核心精神就是村民参与公共事务，因此培养村民的公民参与意识是村民自治教育的重要内容。公民参与是一个历史发展中的概念。不同学者从政治学、社会学到新兴的公共行政、公共决策和发展理论的不同角度对公民参与进行了界定。政治学者最早研究公民参与理论，认为公民参与更多地体现为政治参与。亨廷顿认为，公民的政治参与就是平民试图"影响政府决策的活动"。伯恩斯指出："政治参与被界定为个体公民旨在影响公共事务的活动。"我国的村民自治就是农村公民通过合法活动积极参与并影响社区管理的一项公民参与制度。现阶段的村民自治教育不仅仅是为完成村民自治的任务，还要承担起培养和教育积极参与国家民主法制建设的合格公民和参加更高级别人民代表大会议的农民代表的使命。因此，要善于在村域性的村民自治教育过程中，结合和渗透公民教育的内容，使村民自治教育成为锻炼提高农民素质的试验场和通向参加国家民主建设的桥梁。

四、采取多种教育形式

农村进行村民自治教育是一项复杂的系统工程，要做好长期的工作准备。教育对象年龄差别大，受教育水平也不一样，对法律的理解认识程度也很不一致。因此，要努力推进村民自治教育必须做到三个针对：一是针对不同年龄，二是针对不同文化程度，三是要针对不同的角色分工。对于年龄较大或文化程度不高的村民，多采用文化活动和上门宣讲的人际传播方式进行宣传；对于那些年轻或有一定文化程度的村民可以实行集中宣传、重点讲解的方式进行学习；对于村干部要定期举行学习班，使他们深入理解村民自治的精神实质，提高他们的认识与觉悟，使其充分发挥社区"领头羊"的作用。平时还要结合社区文化教育活动积极宣传村民自治法规，实现教育日常化、大众化。比如县级广播电视媒体开设专题节目、组织有针对性的文艺演出、出专题黑板报、县讲师团举办专题巡回演讲，都是一些有效的宣传途径。这些方式使村民自治的有关要求和法律、法规家喻户晓，并营造了庄重、浓厚的教育氛围，使农民感受到当家做主的尊严和责任，以主人翁精神积极投身于村民自治的民主建设中。

参考文献

重庆市农业广播电视学校. 2018. 新型职业农民综合素质读本 [M]. 北京：中国农业大学出版社.

黄哲. 2019. 新型职业农民素质养成 [M]. 北京：团结出版社.

齐亚菲. 2017. 新型农民素质提升读本 [M]. 北京：中国建材工业出版社.

袁海平，顾益康，李震华. 2017. 新型职业农民素质培育概论 [M]. 北京：中国林业出版社.